模具零件的特种加工

主　编　李成凯　徐善状
副主编　嵇正波　王　迪

重庆大学出版社

内 容 提 要

本书介绍了模具零件特种加工的常用方法、特点和加工工艺。其主要内容有电火花成形加工、线切割编程与加工、超声波抛光加工及电解修磨抛光。本书共设计了5个学习情境，通过典型模具零件的特种加工，体现了“以工作过程为导向，工学结合，做中学，学中做，工学合一”的理念，突出了特种加工工艺的实用性和理论知识的适度性。

本书可作为高等职业技术学院、成人高校、职业技术学校模具设计与制造等相关专业的教学用书，也可作为机械类专业的选修课教材及供相关工程技术人员参考，还可作为相关培训机构的培训教材。

图书在版编目(CIP)数据

模具零件的特种加工/李成凯，徐善状主编.—重庆：重庆大学出版社，2010.2(2021.7重印)
(高职高专模具制造与设计专业系列教材)
ISBN 978-7-5624-5290-4

Ⅰ.①模… Ⅱ.①李… ②徐… Ⅲ.①模具—零件—加工—高等学校：技术学校—教材 Ⅳ.①TG760.6

中国版本图书馆CIP数据核字(2010)第024357号

模具零件的特种加工

主 编 李成凯 徐善状
副主编 嵇正波 王 迪
责任编辑：曾显跃 李定群 版式设计：曾显跃
责任校对：吴文静 责任印制：张 策

*

重庆大学出版社出版发行
出版人：饶帮华
社址：重庆市沙坪坝区大学城西路21号
邮编：401331
电话：(023) 88617190 88617185(中小学)
传真：(023) 88617186 88617166
网址：http://www.cqup.com.cn
邮箱：fxk@cqup.com.cn(营销中心)
全国新华书店经销
POD：重庆新生代彩印技术有限公司

*

开本：787mm×1092mm 1/16 印张：6.25 字数：156千
2010年2月第1版 2021年7月第2次印刷
ISBN 978-7-5624-5290-4 定价：22.00元

前言

特种加工是指除传统机械切削加工以外的加工方法。由于特种加工主要不是依靠机械能和切削力进行加工,因而可以用软的工具(甚至不用工具)加工硬的工件,可以用来加工常规切削加工很难甚至无法加工的各种难加工材料、复杂表面、微细结构和某些有精密、特殊要求的零部件。特种加工已成为常规加工的重要补充和发展方向。

各种特种加工方法在生产中已日益获得广泛的应用。特别是电火花成形加工和数控线切割加工等电加工工艺和机床,已普及到家庭作坊式个体企业,电加工机床年产量的平均增长率无论在国内或国外,都大大高于金属切削机床的增长率。为适应特种加工技术的迅速发展和扩大应用的需要,我国几乎所有的工科院校都开设了"特种加工课程"。

本书内容主要包含电火花成形加工技术、数控电火花线切割加工技术、超声波抛光加工技术、电解抛光加工技术等特种加工方法,讲述其基本加工原理、基本设备、工艺特点和适用范围,并以生产电机的典型模具为工程实例,力求深入浅出,强调实用性和可训练性。

本书由李成凯、徐善状主编,嵇正波、王迪副主编。学习情境1为王迪编写,学习情境2、3、4由李成凯编写,学习情境5由嵇正波编写。本书由淮安信息职业技术学院盛定高副教授担任主审。

本书可作为高职高专、中等职业技术学校相关专业学生现代工程技术训练中特种加工技术课程的训练教材,也可作为企业职工的培训教材。此外,对电火花加工和数控线切割加工以及从事其他特种加工的人员也有参考作用。

本书在编写过程中,乃至出版都得到编者所在单位的大力支持,淮安威灵清江电机制造有限公司汪洪提供了大量素材,在此表示致谢。

虽然我们尽了最大努力，限于编者的水平和经验，书中的缺点和错误在所难免，敬请广大读者和专家批评、指正，以便改进。

编　者
2009 年 10 月

目录

绪 论

1. 模具制造技术的现状与发展方向

近年来，随着我国国民经济的发展，模具工业发展相当快，2007年我国模具行业销售额达910亿元，比上年增长25%，排在世界第3位。目前，我国模具行业制造技术水平参差不齐，高的已与国际接轨，低的仍停留在仅拥有一两台普通加工机床的模具小作坊；模具生产厂家90%以上为中小企业。模具制造技术从过去只能制造简单模具发展到可以制造大型、精密、复杂、长寿命模具。多工位级进模具和长寿命硬质合金模具的生产与制造有了进一步的扩大。数控铣床、数控电火花加工机床、加工中心等现代化模具加工机床被广泛使用。电火花加工已成为冲模制造的主要手段。电解加工、电铸加工、陶瓷型精密铸造、冷挤压、超塑成形等制模技术也得到广泛应用。模具CAD/CAM发展很快。

尽管我国模具工业发展较快，模具制造技术有了明显提高，但与工业发达国家相比仍有较大差距。主要表现在模具品种少、精度差、寿命短、生产周期长等方面。模具行业面临着诸如工艺装备水平低，技术人才严重不足，专业化、标准化、商品化的程度低等问题。

随着社会的不断进步，工业产品的品种增多，产品更新换代加快，对模具质量、精度和制造周期要求越来越高。根据"十一五"模具行业发展规划，我国模具要向大型、精密、复杂、高效、长寿命和多功能方向发展。模具制造技术的发展方向可归纳为以下5点：

(1)模具粗加工向高速加工发展

以高速铣削为代表的高速切削加工技术代表了模具零件外形表面粗加工的发展方向。高速铣削可以大大改善模具表面质量状况，并大大提高加工效率和降低成本。例如，INGERSOLL公司生产的VFM型超高速加工中心的切削进给速度为76 m/min、主轴转速为45 000 r/min，瑞士SIP公司生产的AFX立式精密坐标镗床主轴转速为30 000 r/min，日本森铁工厂生产的MV-40型立式加工中心，其转速为40 000 r/min。另外，毛坯下料设备出现高速锯床、阳极切割和激光切割等高速高效加工设备，还出现了高速磨削设备和强力磨削设备。

(2)成形表面加工向精密、自动化发展

成形表面的精加工向数控、数显和计算机控制等方向发展，使模具加工设备的CNC(计算机数字控制)水平不断提高。推广应用数控电火花成形、数控电火花线切割加工设备，连续轨迹计算机控制坐标磨床和配有CNC修整装备和精密测量装置的成形磨削加工设备等先进设备，是提高模具制造技术水平的关键。

(3)光整加工技术向自动化发展

当前,模具成形表面的研磨、抛光等光整加工仍然以手工操作为主,不仅花费工时多、而且劳动强度大和表面质量低。工业发达国家正在研制由计算机控制、带有磨料磨损自动补偿装置的光整加工设备,可以对复杂型面的三维曲面进行光整加工,并开始在模具加工上使用,大大提高了光整加工的质量和效率。

(4)更多地使用快速成形加工模具技术

快速成形制造技术是20世纪80年代以来,制造技术上的又一次重大发展,它对模具制造具有重要的影响,特别适用于多品种、小批量模具的生产。由于多品种、小批量的生产方式占工业生产的75%左右,因此,快速成形制模技术必将有极大的发展前途。

(5)模具CAD/CAM技术将得到进一步普及与提高

模具CAD/CAM技术在模具设计上的优势越来越明显,它是模具技术的又一次革命,普及和提高模具CAD/CAM技术的应用是历史的必然趋势。

2.本课程的性质、任务和要求

模具零件的特种加工是高等职业技术学院模具专业的一门专业课程。在学习本课程之前,学生应该修完"机械制造基础""冷冲压与塑料成形机械""冲压工艺与模具设计""塑料成形工艺与模具设计"等有关课程,对模具有足够的了解。由于模具设计与模具制造技术之间密不可分,特种加工技术是当今模具制造的重要手段之一,作为模具设计与制造人员,必须掌握该技术。

本课程的任务是使模具设计与制造专业的学生具备高素质劳动者和中初级专门人才所必需的基本技能。

通过本课程的学习,要求学生掌握模具零件的加工方法的基本原理、特点和加工工艺。

学习情境 1

微电机转子压铸模下模的电火花成形加工

【学习目标】

①了解电火花成形的原理和工艺特点。

②理解电火花成形加工的工艺过程,合理选择和调整工艺参数。

③掌握电火花成形加工常用机床的结构组成。

本情境主要介绍了电火花成形的原理和工艺特点;电火花成形加工的工艺过程及其设备组成;电火花成形加工在模具加工中的应用方法。

随着现代化经济建设的快速发展,各种高硬度、高强度、高熔点、难切削的新型模具材料不断地出现,用传统的刀具切削的方法对这些新型材料的机械加工越来越困难,由此,对这些高硬度的难切削材料的各种特种加工手段和方法应运而生,并得到了快速的发展。

所谓特种加工,一般是指直接利用电能、声能、光能及化学能等对材料进行加工成形的工艺方法。

目前,对“特种加工”一词还没有一个比较明确和统一的定义。特种加工的英文名称是nontraditional machining,其原有含义是指与传统的利用刀具对工件材料进行切削的加工方法相区别的“非传统的或非习惯性的加工方法”。这是一个很大的范畴。这里的所谓传统加工方法,是指类似车削、磨削那种利用刀具或磨料来去除材料的加工方法。毫无疑问,特种加工是泛指那些不使用刀具和磨料的加工,或者虽使用刀具或磨料,但同时还必须利用像热能、化学能、电化学能、光能等能量去除材料的新颖的加工方法。因此,从目前制造技术的发展角度来看,把各个行业中的形式繁多的各种非传统的加工方法都笼统地称为特种加工4个字,显然是不合适的。这里所讨论的“特种加工”,也仅仅是特指目前制造加工中较为传统的电火花加工、电解加工、超声波加工、激光束加工、液体喷射加工、挤压珩磨加工、化学加工和各类复合加工等工艺方法。

目前,用特种加工技术加工耐热钢、不锈钢、硬质合金、钛合金、陶瓷及金刚石等高强度、高硬度和高韧性的难切削材料,以及加工模具型腔、型面、涡轮机叶片等复杂形状的工件时,已经成为主要的甚至是唯一的加工方法。

子情境1　电火花成形编程与加工咨询

课程1　电火花成形加工原理

1.电火花加工的基本原理

电火花加工的基本原理是:把工件和工具电极分别作为两个电极浸入到电介质溶液(工作液)中,并在两个电极间施加符合一定条件的脉冲电压,当两个电极间的距离小到一定程度时,极间的电介质会被击穿,而产生火花放电,利用火花放电所产生的瞬间局部高温使工件的表层材料溶化和气化,使材料得以蚀除,达到对材料进行所需要的加工之目的。

因放电过程可产生火花,故习惯称之为电火花加工,在日本和英、美等国家称之为放电加工,在俄罗斯则称之为电蚀加工。

电火花加工基本原理的诞生,是人们通过研究电火花放电对电极材料所产生的电腐蚀现象而发展起来的。电腐蚀现象早在19世纪初就被人们所发现,当通有较大电流的电器开关触点在开、闭的瞬间,往往会在触点间产生强烈的电火花,而把接触表面烧毛或烧蚀成粗糙不平的凹坑,并导致电极逐渐的损坏。为了避免触点的烧蚀,人们开始研究电火花的烧蚀机理,研究结果表明,电火花腐蚀的主要机理是:电火花放电时,在电火花放电通道中瞬间会产生大量的热量,形成极高的温度,这一高温足以使任何金属材料进行局部的熔化、气化,而被蚀除掉,并在材料的放电表面形成一个放电凹坑。而对放电火花的有效控制技术的不断发展,则促成了今天的电火花加工工艺技术的不断完善和成熟。

所谓电火花成形加工,是指利用一个具有一定形状表面的工作电极,对工件进行放电蚀除加工,并最终将工作电极的复杂形状复制到工件上去的加工方法。

如图1.1所示为一种电火花成形加工的原理图,工件6与工具电极4浸入工作液5中,并由专门的脉冲电源1在两者间施加脉冲电压,主轴2上装有自动调整火花放电间隙的自动进给机构,当工件与工具电极间的距离缩小到电离击穿程度时,会在极间最小间隙或绝缘强度最低处产生火花放电,在放电爆炸力的作用下,溶化的金属材料被抛离表面并被液体介质冷凝并从放电间隙中被冲走,形成一次放电击穿。击穿脉冲结束后,电介质会消电离并快速恢复绝缘,等待下一个脉冲的到来。这样的放电过程不断地重复进行,工件材料表面就被不断地蚀除。自动进给机构不断地自动进给以维持正常的放电间隙,这样,工具电极的形状就被复映到了工件上。

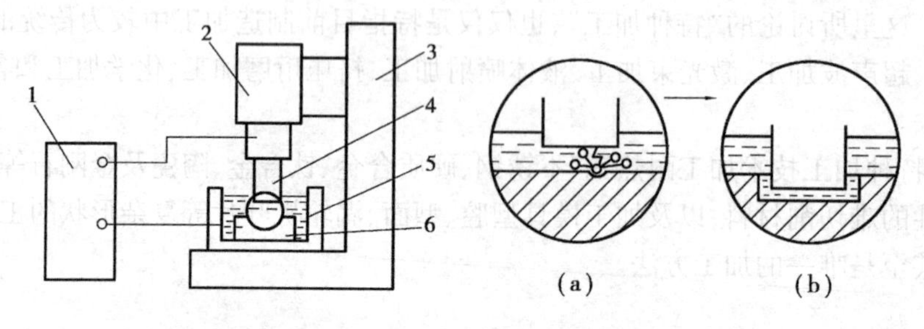

图1.1　电火花成形加工原理

1—脉冲电源;2—进给伺服驱动装置;3—立柱;4—工具电极;5—工作液系统;6—工件

工具电极常用导电性良好、熔点较高、易加工的耐电蚀材料(如铜、石墨、铜钨合金和钼等)制成。

工作液作为放电介质,在加工过程中还起着冷却、排屑等作用。常用的工作液是黏度较低、闪点较高、性能稳定的介质,如煤油、去离子水和乳化液等。

2. 电火花成形加工的3个基本条件

为了有效地控制电火花的放电过程,加工成所需要的尺寸和形面,电火花加工工艺必须有效地解决下述3个基本条件:

(1)必须使工具电极和工件被加工表面之间经常保持严格的控制距离

为了要在电极与工件之间得到受控制的电火花持续放电,必须要保证电极与工件之间始终维持一个一定大小的放电间隙,这一放电间隙的大小要随加工的具体条件来确定,通常约为几微米至几百微米。如果间隙过大,极间电压不能击穿极间介质,将不会产生火花放电;如果间隙过小,电极与工件间很容易形成短路接触,同样也不能产生火花放电。为此,在电火花加工的机床设备中,必须具有可供工具电极进行自动进给的进给调节装置,这一装置目前多由一套数控伺服驱动系统来承担,如图1.1所示的2为进给间隙自动调节装置。

(2)火花放电必须是瞬时的脉冲性放电

电火花成形加工中的火花放电必须是有规律的脉冲放电,一次放电后,电极与工件之间必须迅速恢复绝缘状态,使电极与工件间的工作液恢复到消电离状态,以便为下一次的火花放电做准备。另外,每一次的放电持续时间不能太长,以免形成长时间的电弧放电,而使表面放电过程失控,造成加工表面的烧伤甚至无法实现尺寸加工。为此,电火花加工必须采用预定的脉冲电源,如图1.1所示的机床脉冲电源系统。

放电延续时间一般为1～1 000 μs。这样才能使放电所产生的热量来不及传导扩散到其他地方,可以把每一次的放电蚀除控制在很小的加工区域范围之内,形成有效的尺寸加工控制。如图1.2所示为脉冲电源的空载电压波形。

(3)火花放电必须在有一定绝缘性能的液体介质中进行

电火花成形加工中的液体介质又称为工作液,其主要有冷却、排屑和电离3大作用。常用的工作液有煤油、皂化液或去离子水等,它们必须具有较高的绝缘强度(10^3～10^7 Ω·cm),以利于产生较强脉冲性的火花放电。同时,工作液还能把电火花蚀除加工过程中产生的金属小屑、炭黑等电蚀产物,随放电间隙的悬浮液体的流动而排除出去,保证放电间隙的通畅,避免极间短路的发生。另外,工作液对电火花加工具有良好的冷却作用,可以有效控制放电蚀除区域的温度,并对电极和工件起到良好的降温冷却作用。因此,电火花成形加工机床都具有一个完备的工作液供给系统,如图1.3所示的5、6、7工作液系统。

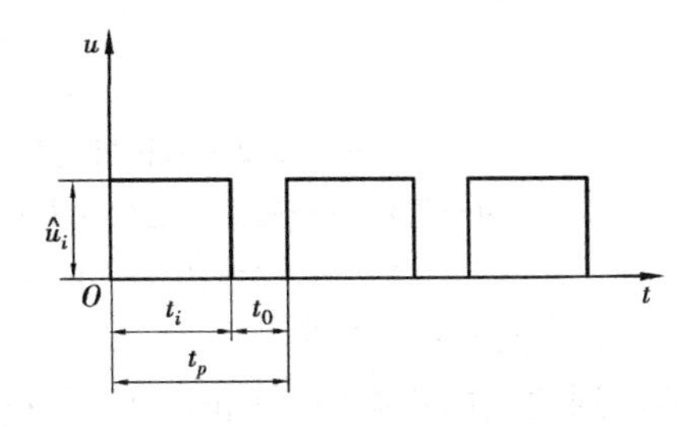

图1.2　电火花成形加工的脉冲电源空载电压波
t_i—脉冲宽度;t_0—脉冲间隔;t_p—脉冲周期;
u_i—脉冲峰值电压或空载电压

3. 电火花成形加工的4个工作阶段

电火花成形加工的放电蚀除过程是电离、热力、流体动力等综合作用的结果,是一个复杂的物理过程。概括起来,一次电火花放电过程可分为电离击穿、热膨胀、抛出金属和消电离4

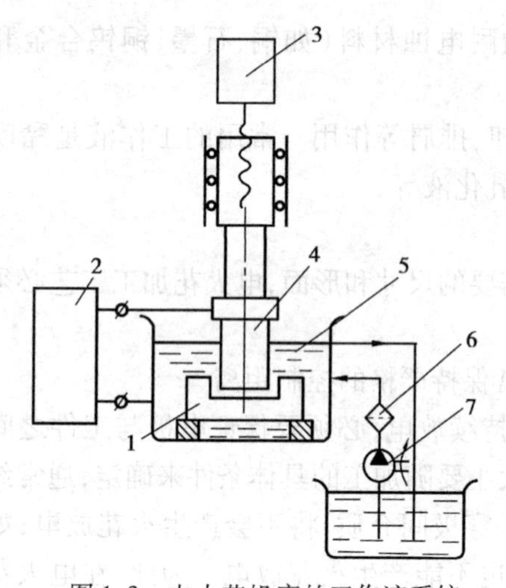

图 1.3　电火花机床的工作液系统

1—工件；2—脉冲电源；3—侍服进给装置；

4—工具电极；5—工作液；6—过滤器；7—工作液泵

个工作阶段。

(1)极间介质的电离、击穿阶段

当工具电极在自动进给伺服装置的控制下逐渐趋近工件时，在电极与工件间会形成强电场，如图 1.4(a)所示，工具电极和工件的微观表面是凸凹不平的，两极间离得最近的突出部或尖端处的电场强度为最大，当该间距减小到一定程度时，两极间的工作液会被强大的极间电场所击穿，电子高速奔向阳极，正离子奔向阴极，介质被击穿，而形成了一个由原来的绝缘状态转变为带电离子的导电通道，极间电阻从原来的绝缘状况($10^3 \sim 10^7\ \Omega$)急剧降低到不足 1 Ω，通道内的电流由零迅速上升到数百安培。由于该电离通道的初始直径很小，通道中的电流密度可高达 $10^5 \sim 10^6$ A/cm²。这一个把工作液由绝缘状态转变为电离、击穿的阶段，是火花放电的第 1 个工作阶段。

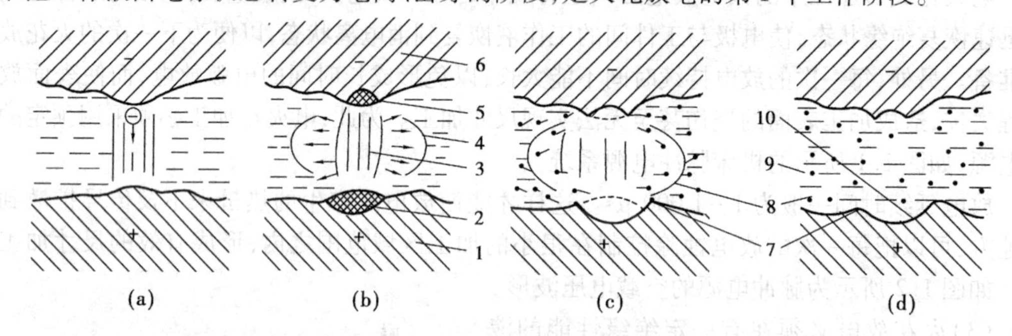

图 1.4　放电间隙状况示意图

1—正极；2—从正极上熔化并抛出金属的区域；3—放电通道；

4—气泡；5—在负极上熔化并抛出金属的区域；6—负极；7—凸起的翻边；

8—在工作液中凝固的微粒；9—工作液；10—放电形成的凹坑

(2)工作液的热膨胀阶段

放电通道是由正电粒子(正离子)和负电粒子(电子)以及中性粒子(原子或分子)等离子体所组成的。极间的工作液一旦被电离、击穿，形成放电通道，带电粒子在通道中就会高速运动而发生剧烈的碰撞，产生大量的热，同时，阳极和阴极表面受高速电子和离子流的撞击，其动能也转化成热能，使电离通道的温度达到 10 000 ~ 12 000 ℃。

高温首先把通道内的工作液介质气化，进而进行热裂分解，同时也使正、负两电极的金属材料熔化、直至沸腾气化。急剧气化的工作液和金属蒸汽，会导致气化体积的急剧膨胀，形成巨大的爆破力。这是火花放电的第 2 个工作阶段。

观察该过程，可以看到放电间隙中的很多小气泡，并可听到清脆的爆炸声。上述过程如图 1.4(b)所示。

(3)烧蚀材料的抛出阶段

放电开始阶段，击穿通道的截面较小，放电点瞬时的急剧温升和热膨胀使工作液气化和金属材料熔化和气化，形成了极高的瞬时压力，通道中心的压力最高，使气化了的气体体积急剧地向外膨胀，形成一个剧烈的冲击波向四周传播。扩张的气泡使熔融的金属液体和蒸汽高速地抛出击穿通道，由此形成了被烧蚀的金属材料的抛出过程。如图1.4(c)所示，这是火花放电的第3个工作阶段。材料的抛出是热爆炸力、电动力、流体动力等综合作用的结果。

经过以上3个过程后，两表面间最小距离处的电火花烧蚀作用已经进行完毕，如图1.4(d)所示，此时的极间最小距离已经转移到了别的位置，因此，下一个放电位置应该进行必要的转移。

熔融材料被抛出后，在两个电极的表面形成了单个脉冲的放电熔池结构，其放大示意图如图1.5所示。熔化区未被抛出的材料经冷凝后残留在电极表面，会形成熔化凝固层，在其四周则会形成稍微凸起的熔池翻边结构。在熔化凝固层的下面是热影响层，再往下就是没发生变化的材料基体。

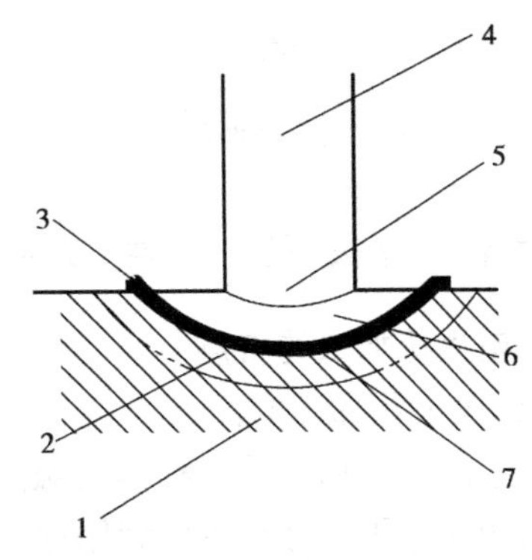

图1.5　单个脉冲放电痕迹剖面示意图
1—无变化区；2—热影响层；3—翻边凸起；
4—放电通道；5—气化区；6—熔化区；
7—熔化凝固层

分析电火花加工，以铜电极打钢工件后的烧蚀产物，在显微镜下可以看到，除了游离碳粒和大小不等的铜和钢的球状颗粒之外，还有一些钢包铜、铜包钢、互相飞溅所包容的颗粒，此外还有少量的由于气态的金属快速冷凝所形成的中间带有气泡的空心球状颗粒产物。

实际上，熔化和气化了的金属在抛离电极表面时，向四处飞溅，除绝大部分抛入工作液中，冷却收缩成为小颗粒外，还有一小部分通过飞溅、镀覆作用，吸附到了对面的电极表面上，这种互相飞溅、镀覆以及吸附现象的结果，减少了工具电极在加工过程中的损耗，对防止工具电极过快的烧蚀损耗起到了一个补偿的作用。

(4)工作液的消电离阶段

随着脉冲电压的结束，脉冲电流迅速降为零，标志着这一次脉冲放电的结束，而此后仍应该有一段足够的间隔时间，能够让前面的放电通道中的工作液进行消电离，使已经发生过放电烧蚀的电离通道中的带电粒子重新复合为中性粒子，恢复本次放电通道处工作液的绝缘强度，以免在同一位置处重复产生电火花而导致持续的电弧放电。这一过程称为工作液的消电离阶段。

在加工过程中，一方面产生的电蚀废料(如金属微粒、碳粒子、气泡等)如果不能被及时地排除和扩散到放电间隙之外，会降低该处工作液的绝缘强度，甚至会影响到工作液的成分。另一方面，脉冲火花放电时产生的热量如不能及时传出，带电粒子的自由能若不能及时降低，会导致消电离过程延长，使下一个脉冲放电通道不能顺利地转移到其他部位，这将直接导致同一位置处的稳定电弧放电，同时通道内的工作液会因局部高温而分解，造成积炭现象，在该处聚成焦粒而形成两电极间搭桥，造成两极间的短路，导致两电极的电弧烧蚀，影响正常的火花放电加工的进行。

因此，为了保证电火花加工过程正常地进行，在两次脉冲放电之间一般都应有足够的脉冲间隔时间，这一脉冲间隔时间的确定，不仅要考虑到工作液本身消电离所需的时间(这与脉冲

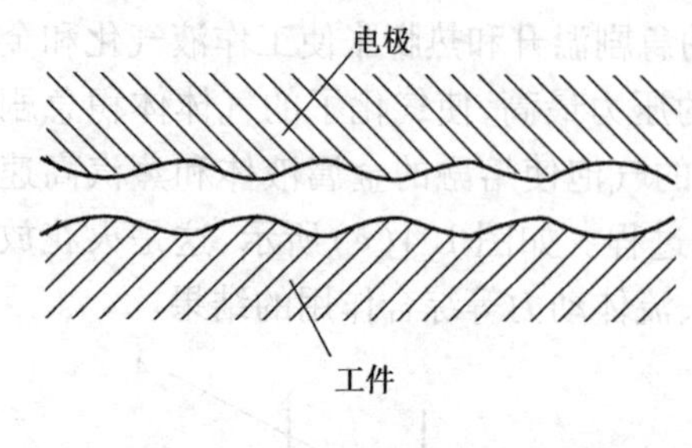

图 1.6　加工表面放大图

能量有关),还要考虑到电蚀产物排离出放电区域的难易程度(这与脉冲爆炸力大小、放电间隙大小、抬刀速度及加工面积大小有关)。

一次脉冲放电之后,两极间的电压再次升高,又在另一处绝缘强度最小的地方重复上述放电过程。多次脉冲放电的结果,使整个被加工表面由无数小的放电凹坑所构成,如图 1.6 所示。工具电极的轮廓形状便被复制在工件上,从而达到加工成形的目的。

课程 2　电火花加工的特点及应用

1. 电火花加工的特点

(1)电火花加工的优点

由于电火花加工是一种非接触性的电蚀加工,没有传统机械加工中刀具与工件间的巨大切削力相互作用,因此,可以利用这一特点来完成传统切削加工所不能完成的许多加工。

1)以软制硬

电火花加工是利用火花放电的电离、蚀除、爆炸效应来去除工件材料的,由于加工时不产生巨大的切削力,可以利用较软的电极材料来复映加工出各种高强度、高硬度、难切削材料的几何形状,如硬质合金、耐热合金、淬火钢、不锈钢、磁钢和金属陶瓷类等难切削材料,甚至可以加工像聚晶金刚石、立方氮化硼这一类的超硬材料。

2)无夹紧变形和切削力变形

由于电火花加工中没有巨大的切削力的作用,故可以利用电火花来加工各种刚性很差的薄壁类、弹性类工件。

3)无高速的主运动

由于电火花加工没有传统切削加工所必需的高速主运动,故可以直接利用电极的形状复映加工,对各种不贯通的盲孔、型孔、型腔进行复映加工。因此,电火花加工非常适合于模具制造中对各种复杂型腔模、冲模、挤压模及压铸模进行加工。

(2)电火花加工的缺点和局限性

1)只适合于加工导电材料

由于被加工工件需要作为电加工中的一个电极,故电火花加工的工件材料必须具有导电性,虽然在一定条件下也可以加工半导体和非导体材料,但目前,电火花加工主要还是应用于加工金属等导电材料。

2)加工速度较慢

电火花加工的蚀除速度比较慢,因此,通常首先采用切削加工手段去除工件的大部分余量,然后再进行电火花加工,以求提高生产率。

3)电极损耗会影响加工精度

由于电火花加工中,电极会同时发生损耗,而且电极的损耗多集中在电场强度较大的尖角突出部位,容易影响工件的成形精度。

4)加工表面具有变质层甚至微裂纹等缺陷

电火花加工表面极容易形成变质层,严重时会在变质层的表面产生微裂纹,引起复杂的应力分布,不利于表面的形状稳定,微裂纹还会严重影响到零件的疲劳强度,因此,对于有长期稳定形状要求的高精度工件,需要在电火花加工后再进行去应力处理和最终精细加工。

由于电火花加工具有许多传统切削加工所无法比拟的优点,因此,其应用领域日益扩大,目前已广泛应用于机械(特别是模具制造)、宇航、航空、电子、电机电器、精密机械、仪器仪表、汽车拖拉机、轻工等行业,以解决难切削材料及复杂形状零件的加工问题。其加工范围已达到小至几微米的小轴和微孔、缝隙,大到几米的超大型模具和零件。

2. 电火花成形加工的工艺范围

电火花加工的工艺范围主要包括:

①穿孔加工,如加工模具模板上的各种型孔。

②型腔加工,如注射模、压缩模、压铸模及锻模的型腔加工。

③强化金属表面,如凸模、凹模刃口表面经电火花强化后,模具的耐用度得到显著提高。

如图1.7所示为电火花加工的典型工件。它们经常是一些具有复杂曲线形面的型腔与盲孔,因此,那些硬度极高,并具有复杂几何形面的模具凹模就成为电火花成形加工工艺的首选对象。

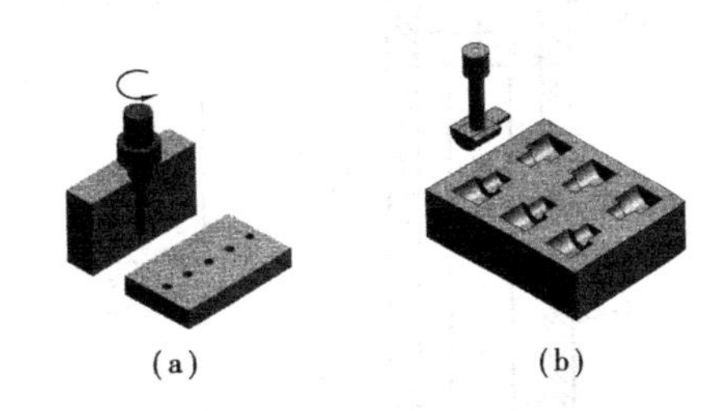

(a)　　(b)

图1.7　电火花加工的典型工件
(a)电极加工和微孔加工　(b)多工位加工

课程3　电火花成形加工机床结构

1. 电火花成形加工机床的结构组成

电火花成形加工机床的结构如图1.8和图1.9所示,电火花成形机床的典型结构可大致分为3大结构7个部分。3大结构如图1.8所示,脉冲电源与机床控制系统、机床本体和工作液系统。其中,机床本体如图1.9所示,又可细分为基座4、立柱5、主轴头架6、工作台7、工作液槽2等7个部分。

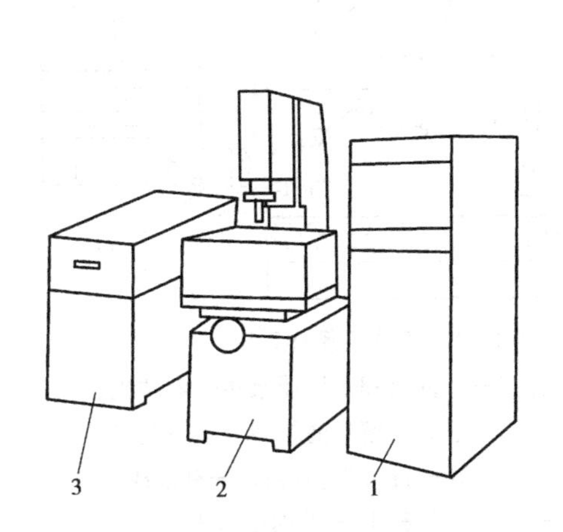

图1.8　电火花机床的一般结构
1—脉冲电源与机床控制系统;
2—机床本体;3—工作液系统

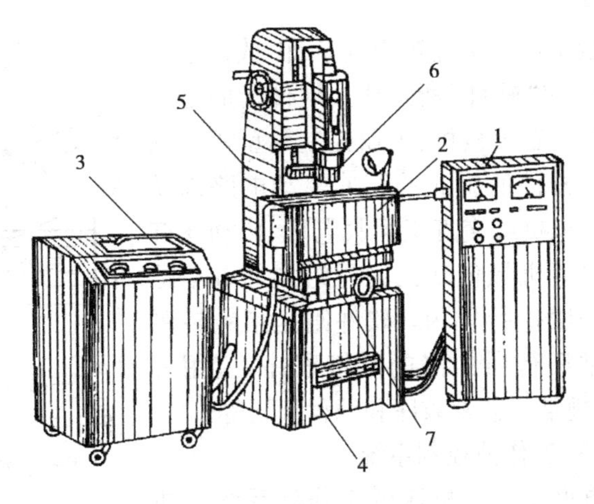

图1.9　台式电火花机床结构
1—脉冲电源箱;2—工作液槽;3—工作液箱;
4—基座;5—立柱;6—主轴头架;7—工作台

(1)脉冲电源

脉冲电源用来提供加工所必需的电能,并能够对加工中所需要的各种电规准进行有效的调整和控制。早期的电火花加工机床的脉冲电源主要采用电阻电容和电感阻容振荡电路。

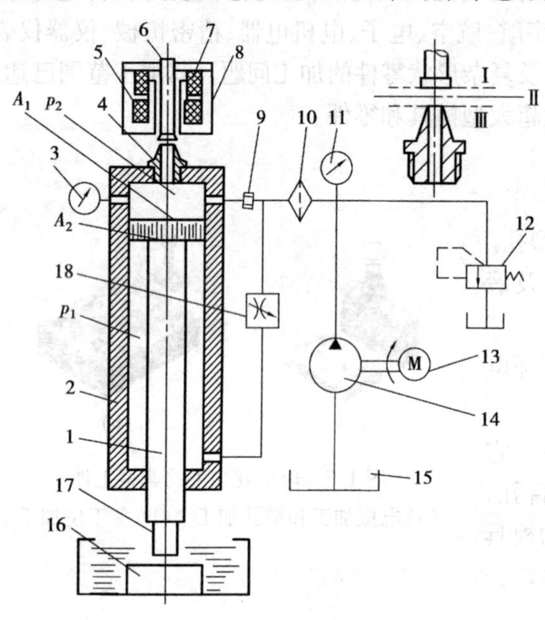

图 1.10　电液动进给伺服驱动原理图

1—活塞杆;2—液压缸;3、11—压力表;4—喷嘴;5—静线圈;6—挡板;7—动线圈;8—电液转换器;9—节流阀;10—精滤油器;12—溢流阀;13—电动机;14—叶片泵;15—油箱;16—工件;17—电极;18—止回阀

(2)机床控制系统

机床控制系统主要是指主轴头进给伺服控制系统,其主要功能是保证能够对机床的进给运动进行有效的准确控制,保证电极与工件之间的间隙大小,能够随加工过程的进行而始终维持所需要的大小。

电火花加工机床的机床控制系统可以分为早期的机动控制机床和现在的数控控制机床两类。

1)机动控制的中、小型电火花成形机床

机动控制的结构比较简单,其主要功能是控制机床的主轴头 Z 方向的伺服进给,以便维持工作电极与工件间火花放电所需的最佳间隙;当加工过程出现异常时,能够迅速地使主轴回退,待异常情况排除后又能自动恢复进给。

如图 1.10 所示为一种电液动伺服驱动控制的主轴头控制系统。

2)数控进给伺服控制电火花成形加工机床

数字控制系统较为复杂,由数控系统“硬件”和“软件”所组成。硬件指的是由单片机或者单板机、工业控制微型机和其他电子器件所组成的脉冲驱动电路以及由步进电机或交直流伺服电机、传动丝杠和螺母等机械传动机构所组成的进给运动的伺服执行机构。软件则是指数控系统正常运行所必需的系统程序、应用程序、电规准工艺参数库和编程代码等。

(3)工作液控制系统

电火花加工机床的工作液系统是机床非常重要的组成部分。其原理如图1.11所示。

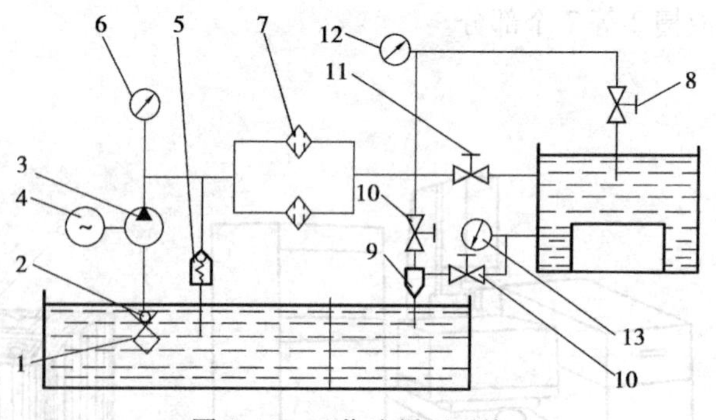

图 1.11　工作液循环系统

1—粗过滤器;2—单向阀;3—液压泵;4—电动机;5—溢流阀;6—压力表;7—精过滤器;8—压力调节器;9—射流抽吸管;10—冲油选择阀;11—补油阀;12—冲油压力表;13—抽油压力表

为满足正常放电的加工需要,工作液循环系统最基本的功能要求是能够进行冲油操作和抽油操作。如图 1.11 所示,在油泵 3 的作用下,储油箱中的工作液经粗过滤网 1、单向阀 2,被

吸入油泵3,并经过精过滤器7,将工作液送进工作台上的工作液槽中,工作液的压力不超过0.4 MPa,由与油泵3相并联的溢流阀5来控制;补油阀11的作用为快速进油补充油槽的油液,及时调节冲油选择阀10控制工作液的循环方式,压力调节器8用来控制油槽中的油液压力。当冲油选择阀10处于抽油位置而打开时,补油路和冲油路都截止不通,这时压力工作液经选择阀10高速穿过射流抽吸管9,利用射流所产生的负压,将油槽中的油液快速地抽出;当冲油选择阀10处于冲油位置(关闭)时,补油和冲油路接通,油液经过补油阀11和调节阀8进入工作油槽,压力由调节阀8来控制和调节。调节阀8前后的压力大小则由压力表12和13来显示,可以随时根据加工的需要来获得稳定的工作液流动效果。

2. 电火花成形机床的型号

电火花加工中由于所使用脉冲电源类型的不同,在电火花加工的发展初期,把电火花加工机床分为电火花穿孔加工机床和电火花型腔加工机床两种类型,其中电火花穿孔加工机床一般采用阻容、感容和电子管、闸流管等窄脉冲电源,采用这类电源的机床较适合于对深孔和细微结构进行加工,被命名为D61系列机床,其典型机床有D6125、D6135、D6140等机床。

电火花成形加工机床多采用长脉冲发电机电源,这类机床较适合于复杂的盲孔类型腔进行加工。被命名为D55系列电火花加工机床,其典型机床有D5540、D5570型机床等。

1985年以后,由于晶体管脉冲电源在电火花机床上的大量采用,这类机床既可用作电火花穿孔加工,又可用作型腔成形加工,其型号被统一为电火花成形加工机床,并命名为D71系列。其型号表示方法如下:

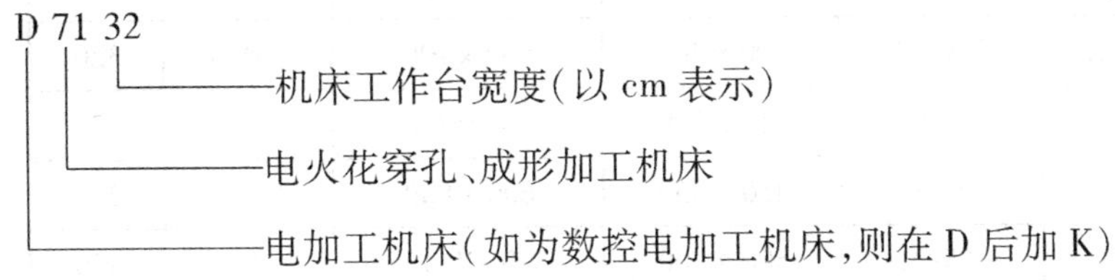

表1.1和表1.2分别为部分常用电火花加工机床的型号及其主要技术规格表。

表1.1　国产电火花加工机床型号及主要规格

型　号	工作台尺寸/mm×mm	脉冲电源	表面粗糙度 R_a/μm
D6120	300×200	双闸流管	0.63~1.25
D6125	300×250	双闸流管或RLC-LC	0.32~0.63
	350×250		
	400×250		
	500×250		
	400×350		
	600×500		
	1 000×650		
D6125G	350×250	双闸流管	0.63~1.25
D6140	600×400	晶体管	0.63~1.25
D6140A	600×400	晶体管	0.63~1.25

续表

型　号	工作台尺寸/mm × mm	脉冲电源	表面粗糙度 R_a/μm
D6180	1 400 × 850	晶体管	5.0 ~ 10.0
D6185	1 400 × 850	晶体管	1.25 ~ 2.5
D5540	500 × 400	晶体管	1.25 ~ 2.5
D5540A	500 × 400	发电机 RLC-LC	5.0 ~ 10.0
D5570	800 × 700	晶闸管或发电机	1.25 ~ 2.5
DM5440	630 × 400	晶体管	0.32 ~ 0.63

表 1.2　国外部分电火花机床型号与技术规格

国　别	公　司	型　号	工作台行程/mm × mm	工作台尺寸/mm × mm	工件最大质量/kg	伺服行程/mm
日本	JAPAX	DX45	350 × 450	400 × 700	1 000	250
	JAPAX	DXC45	350 × 450	500 × 700	1 000	350
	JAPAX	DX85	600 × 1 300	700 × 1 000	3 500	450
	SODICK	A4R	350 × 400	450 × 750	800	350
	SODICK	A7C	500 × 700	800 × 1 400	3 500	450
	SODICK	EPCC-5	390 × 460	500 × 700	1 000	320
	三菱	M35	350 × 250	500 × 700	500	250
	三菱	M55	450 × 350	600 × 800	1 000	250
	三菱	M65KC7	500 × 700	600 × 1 000	1 500	350
	三菱	M85C6	1 000 × 600	800 × 1 200	3 500	450
	牧野	EDNC-64	400 × 600	550 × 750	1 500	250
	牧野	EDNC-106	600 × 1 000	950 × 1 300	3 000	450
	牧野	EDNC-156	600 × 1 500	100 × 2 000	5 000	450
西班牙	ONA	P-520-EO	600 × 800	700 × 1 100	—	400
瑞士	AGIE	EMS3.30	320 × 420	500 × 630	800	400
	AGIE	EMS4.40	500 × 600	750 × 1 050	3 000	600
	AGIE	EMS4.40	500 × 1 000	950 × 1 700	6 000	600
	AGIE	400	500 × 1 000	950 × 1 700	—	600
德国	DECKEL	DE-15C	280 × 380	450 × 580	700	300
	ELBOMAT	332	300 × 420	400 × 700	1 000	200
	ELBOMAT	675B	500 × 1 000	800 × 2 000	10 000	600
	ELBOMAT	675P	500 × 1 600	1 000 × 2 000	6 000	710

课程4　电火花成形加工

1. 型孔的电火花加工

在模具制造中，型孔的电火花加工常用于通孔型凹模的加工。电火花穿孔加工工艺过程如下：

①电极设计。根据选定的电加工方法来确定电极的结构类型、电极材料、电极的尺寸及其与电极板的连接方式。

②确定电加工工艺过程。确定粗、半精、精加工的工艺过程及其电规准参数。

③电极的制造与组装。

④模具凸、凹模零件毛坯的准备。准备零件毛坯，包括毛坯件的制造、安装基准面的加工；电火花精加工前的热处理；划线；电加工前余量的去除等准备。

⑤电极在主轴中的调整安装。校正电极相对于工作台的垂直度和平行度，保证电极与工件间的正确位置关系。

⑥工件的校正安装。完成工件在工作台上的定位和夹紧。

⑦降下主轴头，调整其与工件间的适当距离。

⑧电火花穿孔加工。选择好工件和电极的极性，确定适当的电规准，输入工作液，开始进行电火花加工。

⑨电规准的转换和加工质量的检查。根据先粗加工、再半精加工、最后精加工的顺序，转换电规准，进行加工，并随时检查及调整加工深度。

(1)电极的设计与制造

1)电极材料的选择

按照电火花加工原理，任何导电材料都可以用来制作电极。但实际生产中所选用的电极材料应该具备以下3个基本条件：

①良好的电火花加工性能，即放电加工过程稳定，损耗小，生产效率高。

②足够的机械强度和良好的机械加工性能。

③材料价格低廉，来源丰富。

常用电极材料的种类和性能见表1.3，选择电极材料时应根据具体的加工对象、工艺方法、脉冲电源类型等工艺因素进行综合考虑。

表1.3　常用电极材料的性能

电极材料	电火花加工性能		机械加工性能	说　明
	加工稳定性	电极损耗		
钢	较差	中等	好	选择电参数时应注意加工稳定性，可用凸模作电极
铸铁	一般	中等	好	
石墨	尚好	较小	尚好	机械强度较差，易崩角
黄铜	好	大	尚好	电极损耗太大
纯铜	好	较小	较差	磨削困难
铜钨合金	好	小	尚好	价格贵，多用于深孔、直壁孔、硬质合金的穿孔
银钨合金	好	小	尚好	价格贵，用于精密及有特殊要求的加工

目前，常用的电极材料大部分采用石墨和纯铜材料。

石墨密度较小,重量轻,容易加工成形,价格低廉,取材方便,适合于制作大、中型电极;用高密度、高强度石墨制作的薄片电极,刚性好,不易变形;石墨电极导电性能好,加工损耗小,电加工效率高,而且取材方便,是一种良好的电极材料。但石墨较脆,遇冲击易于崩裂,而且石墨加工对环境的粉尘污染较大,需要专门的加工设备和单独的防护措施。

纯铜组织致密,强度适中,塑性较好,适合制作各种形状复杂的、尖角轮廓清晰、精度要求较高的塑料模零件。但纯铜较软,刚性差,壁厚较薄的细长电极极易变形,因此,纯铜材料不宜制作较细长的电极。而且纯铜的塑性大,质地较软,加工变形较大,不易于进行精密加工,尤其不易于进行磨削加工。另外,纯铜密度较大,价格相对较高,不宜制作大型电极。

2)电极结构的选择

电极结构的正确选择与穿孔加工时的工艺条件密切相关,电极结构形式应根据电极外形尺寸的大小、复杂程度、电极的结构工艺性等因素进行综合考虑。电极结构可分为整体式、组合式和镶拼式3类。

①整体式电极

整体式电极是用一块整体材料加工而成,是小型电极最常用的结构形式。对于横截面积及重量较大的电极,也可在电极上方开盲孔以减轻电极重量,但注意孔不能开通,如图1.12所示。

②组合式电极

当同一凹模上有多个型孔时,可以把多个电极组合在一块板上,如图1.13所示,这样,一次穿孔加工就可以完成多个型孔的加工,这种电极称为组合式电极。用组合式电极加工,生产效率较高。各型孔间的位置精度,取决于各电极在安装板上的安装位置精度。

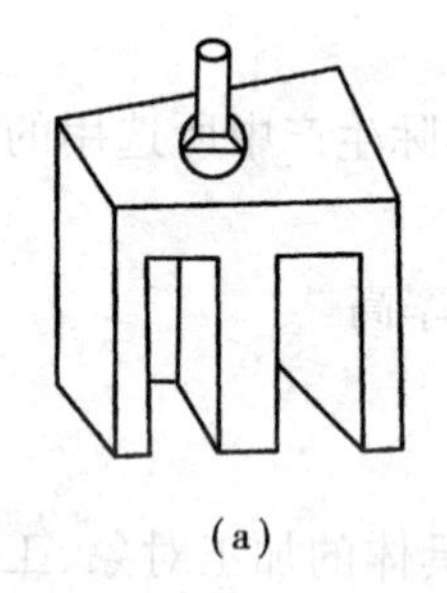
(a)

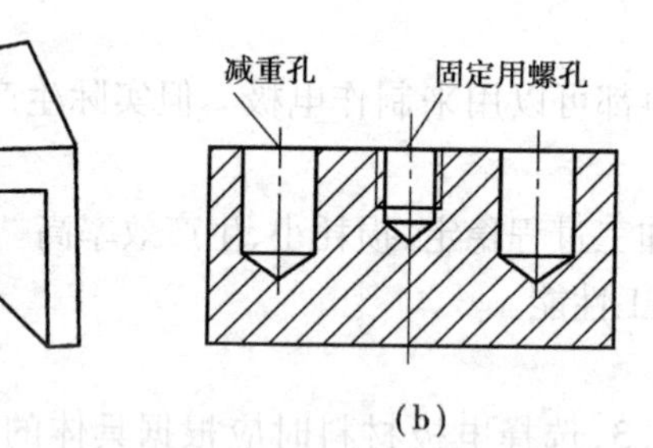

(b)

图1.12 整体式电极
(a)整体式电极 (b)带减重孔的电极

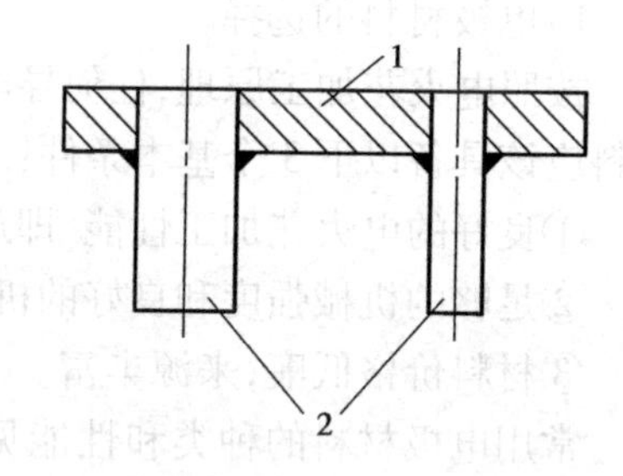

图1.13 组合式电极
1—固定板;2—电极

③镶拼式电极

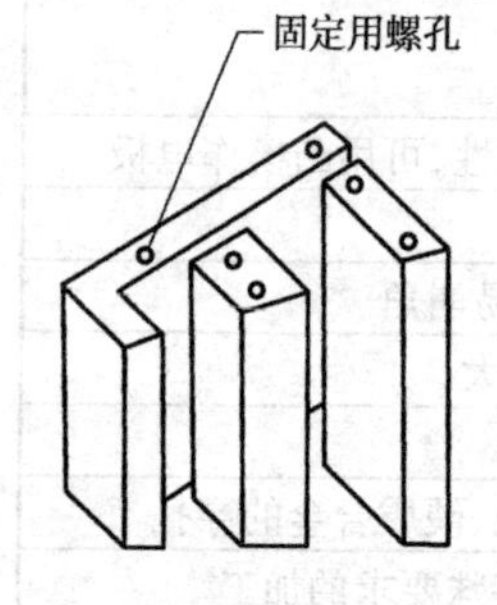

图1.14 镶拼式电极

对于形状复杂的电极,在整体加工有困难时,常将其分成几块,分别加工,然后再镶拼成一个整体,这样既可节省材料,又便于电极的制造,如图1.14所示。

需要注意的是,电极不论采用哪种结构,都应具有足够的刚度,以利于提高电加工过程中的稳定性。对于体积小、易变形的电极,可将电极工作部分以外的截面尺寸增大,以提高电极的刚性。对于体积较大的电极,应尽可能减轻电极的重量,以减小机床的变形。另外,电极在主轴上连接时,其重心应位于主轴中心线上,对于较重的电极这一点尤为重要。否则会产生较大的偏心力矩,使电极的轴线偏斜,影响模具的加工精度。

3)电极尺寸

电极尺寸大小直接关系到所加工的模具的型腔尺寸,考虑到放电间隙和加工喇叭口对凸、凹模间隙的影响,电极的截面尺寸和长度都需要进行适当的调整。

①电极横截面尺寸

电极截面尺寸分别按下述两种情况计算:

当按凹模型孔尺寸及公差确定电极的横截面尺寸时,则电极的轮廓应比型孔均匀地缩小一个放电间隙值 δ,如图 1.15 所示。

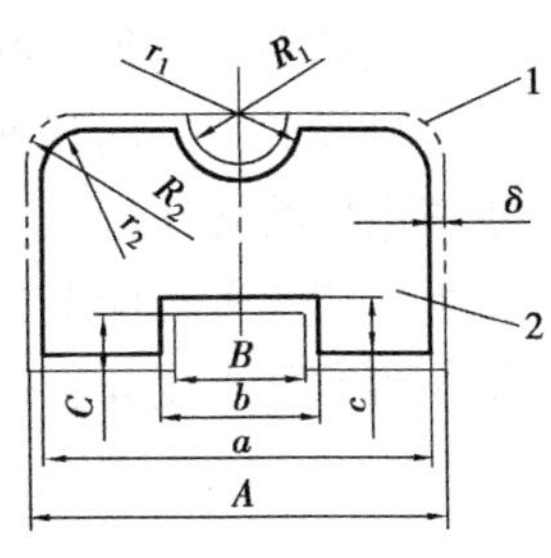

图 1.15 按型孔尺寸计算电极横截面尺寸

1—型孔轮廓;2—电极横截面

当按凸模尺寸和公差确定电极的横截面尺寸时,则随凸模、凹模配合间隙的不同,对电极进行单边缩小或放大。

电极单边缩小或放大的数值可用下式计算:

$$a = \frac{1}{2} | Z - 2\delta |$$

式中 a——电极单边收缩量;

Z——凸、凹模双边配合间隙;

δ——单边放电间隙。

②电极长度尺寸

电极的长度与多种因素有关,其最终尺寸受凹模结构形式、型孔的复杂程度、加工深度、电极材料、电极使用次数、装夹形式及电极制造工艺等一系列因素的影响。

在电极的长度尺寸中,一般应该包括电极基本工作长度、电极的夹持长度、电加工时的损耗长度 3 个尺寸组成部分,对于穿透性电极,还要加上电极的加工超出部分。

在电加工硬质合金时,电极损耗较大,因此,电极长度应适当加长些。不过,总长度太长会给电极的制造、装夹、校正带来许多困难。

4)电极、工件的装夹与校正

电极在机床主轴中的精确安装和工件在机床工作台上的正确安装,在电火花加工中,是非常重要的。一般电加工的加工余量都很小(0.10 ~ 0.15 mm),如果精加工要采用更换电极的方法来加工,精加工电极的精确校正就显得格外重要。如果电极与工件之间的相对位置不能得到精确的校正定位,较小的电加工余量将不能纠正工件和电极间的位置误差。

①电极的装夹及校正

如图 1.16 所示为中、小型圆柱电极在标准套筒中装夹的情况;直径较小的电极如图 1.17 所示,直接用钻夹头来装夹;至于镶拼式电极,一般可采用一块连接板,将几个电极拼块联接成

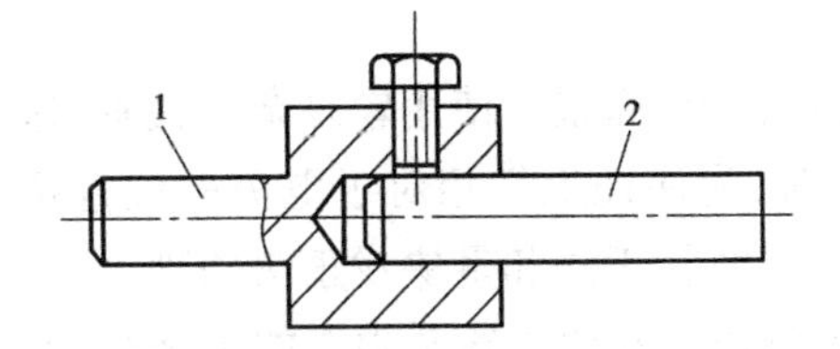

图 1.16 用标准套筒装夹电极

1—标准套筒;2—电极

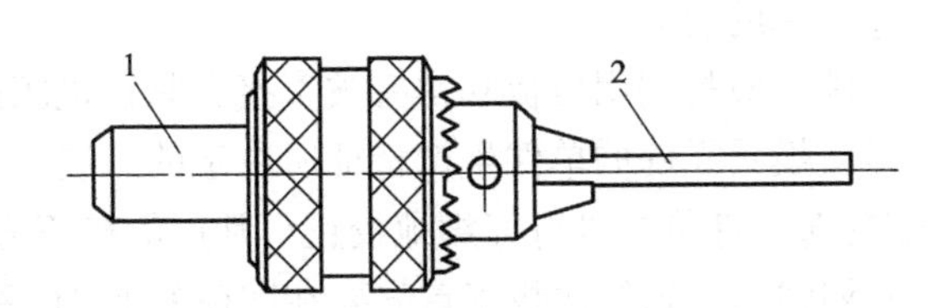

图 1.17 用钻夹头装夹电极

1—钻夹头;2—电极

一个整体,然后再装到机床主轴上进行校正。加工多型孔凹模的多个电极可在标准夹具上加定位块进行装夹,或用专用夹具进行装夹。

如图 1.18 所示为用螺钉夹头来装夹电极的情况,适用于电极尺寸较大的情况。

电极在装夹时必须仔细校正,使其轴心线或电极轮廓的素线垂直于机床工作台面,在某些情况下电极横截面上的基准,还应与机床工作台拖板的纵横运动方向平行。

校正电极的方法较多,图 1.19 是用 90°角尺观察它的测量边与电极侧面素线间的间隙,在相互垂直的两个方向上进行观察和调整,直到两个方向观察到的间隙上下都均匀一致时,电极与工作台的垂直度即被校正。这种方法比较简便,校正精度也较高。

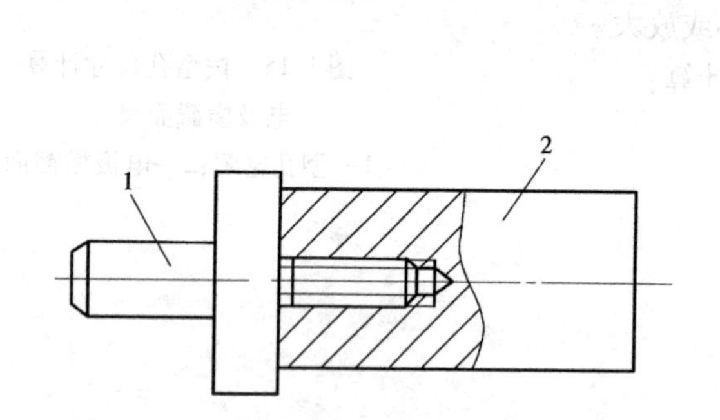

图 1.18　用标准螺钉夹头装夹电极

1—标准螺钉夹头;2—电极

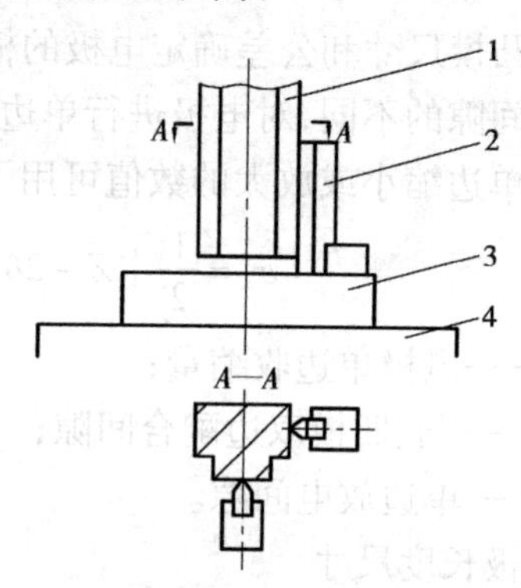

图 1.19　用角尺校正电极

1—电极;2—角尺;3—凹模;4 —工作台

如图 1.20 所示为用千分表来校正电极垂直度的情况。将主轴上下移动,电极的垂直度误差可由千分表反映出来,在主轴轴线相互垂直的两个方向上反复用千分表找正,可将电极校正得非常准确。

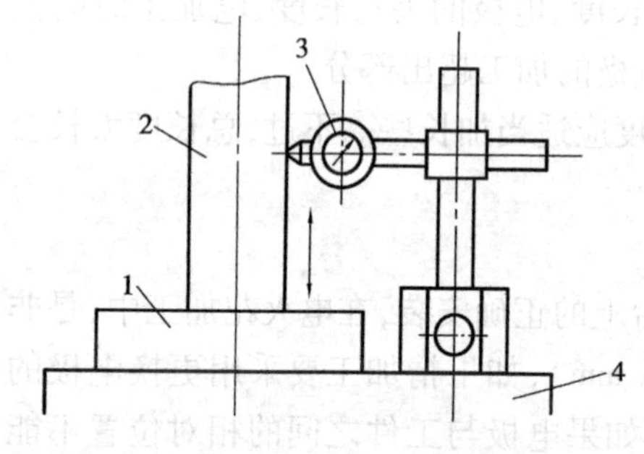

图 1.20　用千分表校正电极

1—凹模;2—电极;3—千分表;4—工作台

如图 1.21 所示为一种带有角度调整装置的钢球铰链式可调节夹头,其夹具体 1 固定在机床的主轴孔内,电极装夹在电极装夹套 5 内,装夹套 5 与夹具体 1 之间有钢球作联结,转动两个调整螺钉 6,可以使电极作适当的微量转动,电极的垂直度可用 4 个摆动调整螺钉 7 进行调整。由于螺钉 7 下面是球面垫圈副,其最大调整范围可达 ±15°左右,校正电极角度时稍微松开压板螺钉 7,在千分表的配合下进行反复的逐个细调拧紧,直到电极垂直度达到要求。

②工件的装夹

工件一般是利用压板和螺钉被直接夹紧在机床的工作台上,而很少使用较复杂的夹具,这主要是由模具零件的单件生产特征所决定的。装夹工件时,为保证工件相对于电极的位置精确,需要对工件位置进行仔细地校正。常用的校正方法有划线找正法和量块找正法两种。

a. 划线法。划线法找正首先要在凹模的上、下平面上划出型孔轮廓线及中心的十字线,而且工件定位时应以已经精确校正的电极为位置基准。在工件位置校正时,首先将电极垂直下降,靠近工件表面;仔细调整工件的位置,使工件型孔线及十字线对准电极;然后将工件用压板压紧;试加工并观察工件的定位情况,用纵横拖板作最后的补充调整。这种方法的定位精度在很大程度上取决于操作者的视觉和划线质量，故校正精度一般不太高。

b. 量块校正法。量块校正法如图1.22所示，以精确校正的电极为工件凹模定位的位置基准，以电极的实际尺寸来计算出它与凹模两个侧面的实际距离X、Y；将电极下降至接近工件；用量块组合和角尺来校正工件的精确位置，并将其压紧。这种方法操作方法简单方便，工件的校正定位的精度较高。

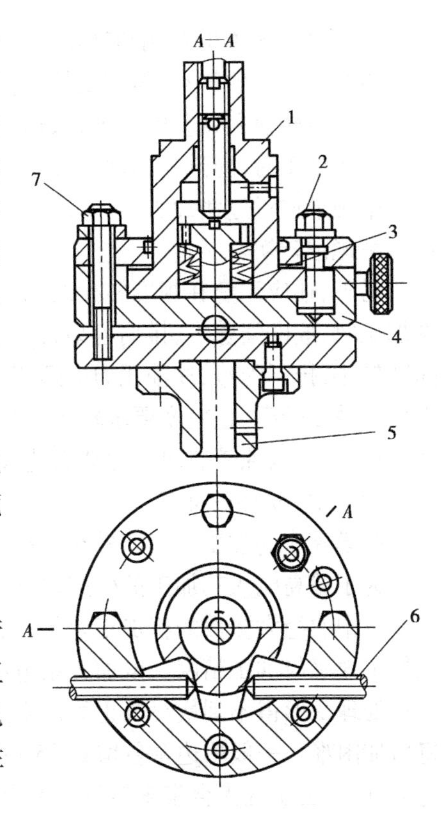

图1.21 钢球铰链调节式电极夹头
1—夹具体；2—压板螺钉；3—碟形弹簧；4—外壳；5—电极装夹套；6、7—调整螺钉

(2)电规准的选择

1)电规准定义

所谓电规准，是指在电火花加工中所选用的一组电脉冲参数，包括脉冲电流的峰值、脉冲的周期、脉冲的宽度和脉冲的间隔大小等电参数。

2)电规准对穿孔加工的影响

在电火花穿孔加工中，电极会随着加工的进行而产生损耗的。电规准选择是否合理，将直接影响到电加工的加工效率和加工质量，影响到加工的经济性，因此，电规准应根据工件的加工质量要求、电极和工件的材料性能、加工的机床设备与工艺指标等因素作合理的选择。

电加工中电规准的选择是否恰当，可以通过对模具的加工精度、加工速度和经济性要求来确定。在实际生产中，电规准主要是通过实际工艺试验确定。一个完整的电加工过程，经常需要先后采用几个不同的电规准。电火花穿孔加工中，为了追求较小的放电间隙，一般采用较小的脉冲宽度t_i，其选择范围一般为$t_i = 2 \sim 60$ μs。

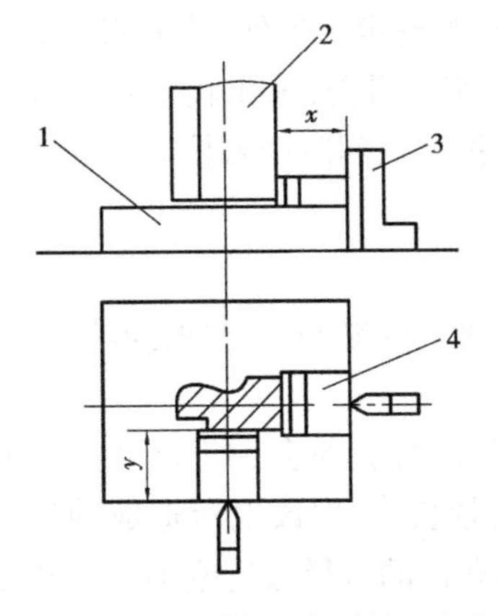

图1.22 用量块和角尺校正定位
1—凹模；2—电极；3—角尺；4—量块

3)3种电规准

电规准通常可分为粗、中、精规准3种。粗规准主要用于粗加工。对粗规准的要求是加工效率要高，加工工件的表面粗糙度则不需要过于精细，一般粗糙度R_a达到12.5 μm即可。因此，粗规准一般采用较大的电流峰值和较长的脉冲宽度($t_i = 20 \sim 60$ μs)，采用钢电极时，电极的相对损耗应低于10%。

中规准是粗、精加工间的过渡性加工所采用的电规准，其主要目的在于减小精加工的余量，促进加工稳定性，为后面的精加工作准备，中规准采用的脉冲宽度一般为6~20 μs。被加工工件的表面粗糙度R_a为6.3~3.2 μm。

精规准用来进行精加工，其主要目的在于保证各项加工技术要求(如配合间隙、表面粗糙度和刃口斜度等)，在此前提下，尽可能提高生产率。故精规准多采用小的电流峰值、高的频率和短的脉冲宽度($t_i = 2 \sim 6$ μs)。被加工工件的表面粗糙度R_a可达1.6~0.8 μm。

4)不同电规准的应用与转换

粗规准加工效率高,但加工精度低;精规准加工效率较低,而加工精度高,实际生产中经常通过不断地转换和调整电规准,来达到所需要的不同加工目的。

开始加工时,应选择粗规准参数进行加工,当电极工作端进给到凹模的刃口处时,可先转换成中规准进行过渡加工 1 ~ 2 mm 后,再转入精规准进行精加工,若精规准有多挡,还应依次进行精规准转换。

另外,还应注意在规准转换的同时,如冲油压力等工艺条件也要适当地进行配合。在粗规准加工时,放电间隙大,排屑容易,冲油压力应小些;而转入精规准后,电加工的深度增大,放电间隙较小,排屑困难,冲油压力应适当增大;在开始穿透工件时,冲油压力要适当降低;如果加工那些精度较高、粗糙度要求较小、加工斜度较小的凹模件,应将上部冲油改为下端抽油,以增强排屑,防止电蚀碎屑向上运动而造成二次放电及喇叭口的倾向。

(3)凹模模坯的准备

凹模模坯的加工是指凹模在电火花加工之前的全部粗加工。

为了提高电火花加工的生产率,便于电加工工作液的强制循环,凹模模坯在电加工前应去除型孔中的绝大多数的粗加工余量,只留适当的电加工余量。电加工余量的大小会直接影响电加工效率与加工精度。电加工余量小,加工的生产率及形状精度高。但电加工余量过小会因热处理变形得不到最终校正而产生废品。另外,过小的最终加工余量对电极的装夹定位也将增加困难。一般单边余量留 0.25 ~ 0.5 mm 为宜,形状复杂的型孔可适当增大些,但不要超过 1 mm。由于淬火会带来热处理变形,因此,电火花穿孔加工应在淬火后进行。

(4)电火花成形加工质量及其影响因素

1)放电间隙对加工精度的影响

电火花加工时,电极和工件之间始终存在着一定的放电间隙。放电间隙使加工出的工件型孔(或型腔)尺寸与电极的外形轮廓之间相差一个单边放电间隙。由于放电间隙的大小受到电规准和电极材料、冲油压力等工艺参数的影响,其大小可以在 0.01 ~ 0.1 mm,甚至更大的范围内进行变化,具体大小的精确控制往往需要由实际加工参数来确定。另外,放电间隙的大小还要考虑到由于二次放电所带来的加工斜度对加工误差的影响。目前,采用较稳定的脉冲电源和高精度的电加工机床,在加工稳定性良好的情况下,可以把放电间隙误差控制在0.02 ~ 0.05 mm 的范围内。

2)二次放电对加工精度的影响

所谓二次放电,是指在加工过程中,除了电极与工件之间的正常放电外,在通道间隙中,发生在导电微粒与工件和电极间的火花放电。

工作液中由电腐蚀所产生的导电微粒一旦充斥于电极与工件之间,便会由于该处较小的间隙而导致火花放电,形成加工过程中的二次放电,电加工时间越长,二次放电所造成的误差影响就越严重,随着加工孔的深度不断地增加,加工时间最长的孔口的直径会比刚加工的孔底直径大很多,即产生了所谓的“喇叭口”现象,如图1.23所示。二次放电的最终结果形成了加工孔壁的倾斜,称为电加工中的加工斜度,如图 1.24 所示。

二次放电的次数越多,单个脉冲的能量越大,则加工斜度越大,而二次放电的次数与电蚀物的排除条件有关。因此,从工艺上采取措施及时排除电蚀产物,就成为减小加工斜度的重要手段。生产中常采用定时抬刀和振动电极的手段来提高冲油排屑效果,或者采取将工作液从孔的下方抽出的方法，以降低液体上部电蚀产物的浓度。目前的精加工技术，可以把加工斜度控制在10°以下。

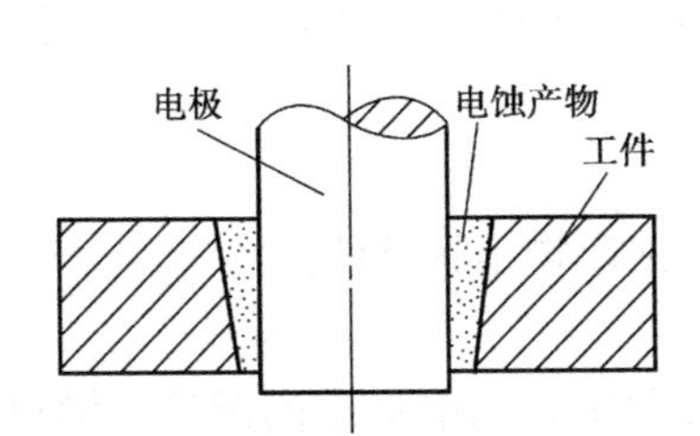

图1.23　电火花穿孔加工中的喇叭口现象

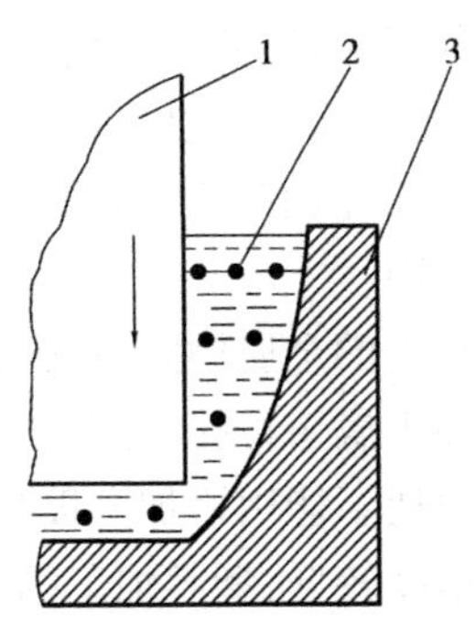

图1.24　二次放电与加工斜度

1—电极；2—电蚀微粒；3—工件

3）电极损耗对加工精度的影响

在电火花加工过程中，电极也会受到电腐蚀而损耗，从而破坏了电极原有的几何形状，引起工件几何形状和加工尺寸的误差。在各项误差因素中，电极损耗是影响工件加工精度的一个重要因素。

电极的不同部位的加工损耗是不同的。由于电流的集肤效应，在电极的尖角、棱边等凸起部位，电场强度较强，很容易形成尖端放电，故这些部位的损耗要快。电极的不均匀损耗必然引起加工误差。

电极的损耗受电极材料的热学物理常数（金属的熔点、沸点、比热容、熔化潜热、气化潜热等）的影响。例如，钨和石墨材料，熔点、沸点高，热容量大，它们的耐电腐蚀性就强；铜的导热系数虽然比钢大，但其熔点远比钢低，故它不如钢那么耐腐蚀。一般常用的电极材料有钢、铸铁、石墨、黄铜、纯铜、铜钨合金、银钨合金等。另外，电极损耗还受脉冲电源的电参数、加工极性和加工截面积等因素的影响。因此，在电火花加工中应正确选择脉冲电源的电参数和加工极性，用耐腐蚀性能好的材料来制造电极。

需要说明的是，在电加工过程中，虽然工件和电极两者都受到电腐蚀。但正、负两极的蚀除速度是不同的，对应于一定的短脉冲电规准，负极的电蚀除速度远小于正极。这种两电极蚀除速度不同的现象称为电加工的极性效应。

产生极性效应的基本原因是在极其短暂的脉冲电流作用下，小质量的电子在短时间内容易获得很大的高速度，以较大的动能轰击阳极表面。与此相反，冲击负极的正离子由于质量大，惯性大，在相同时间内所获得的速度和冲击能量远小于电子，大部分正离子在尚未到达负极表面时脉冲就已结束，因此，负极的蚀除量远小于正极。

如果用较长的脉冲进行加工，正离子有足够的时间进行加速，并有足够的时间到达负极表面，则由于它的质量大，因而正离子对负极的轰击作用远大于电子对正极的轰击，负极的蚀除量就会大于正极。

在实际生产中，习惯上把工件接正极的加工，称为“正极性加工”或“正极性接法”。工件接负极的加工称为“负极性加工”或“负极性接法”。具体极性的选择主要靠实验确定。

在电加工中，为了尽量减少电极的损耗，希望充分利用极性效应，加大工件的蚀除量而尽量保持电极的原形，故电规准的正确选择是十分重要的。

2. 型腔的电火花加工

与机械加工相比,电火花加工的型腔具有加工质量好、表面粗糙度值小、减少了切削加工和手工劳动的工作量,使生产周期缩短等优点。随着电火花加工设备与工艺技术的不断发展和完善,电火花成形加工已成为型腔加工的主要生产加工手段。

与电火花穿孔加工相比较,用电火花加工型腔比加工凹模型孔要困难得多。这主要是由于以下 4 个原因:

①型腔加工的金属蚀除量很大。

②型腔加工属于盲孔加工,故工作液循环困难,电蚀产物排除条件差。

③电极损耗不能用增加电极长度和进给来补偿。

④加工精度较低,型腔加工的加工面积大,加工过程中要求电规准的调节范围也较大;形状复杂的型腔,其电极损耗不均匀性大,故加工精度低。

因此,型腔电加工要从设备、电源、工艺等方面采取措施来减小或补偿电极损耗,以提高加工精度和生产率。

(1)型腔加工的几种常用工艺方法

1)单电极加工法

单电极加工是指只用一个电极即可完成所需型腔的加工。单电极加工分为单电极直动法和单电极平动法两种类型:

①单电极直动法

单电极加工法是指在型腔淬火之后,只使用一个电极直接对工件进行精加工,就可以达到型腔的精度要求的电加工方法。

单电极直动法主要应用于已经经过其他加工手段预加工的型腔。

由于电加工基本上属于低效率加工,为了提高模具的生产加工效率,型腔在电加工之前多采用切削加工的方法先进行预加工,将绝大多数的余量预先进行了切除,只留下电火花加工所必需的余量,到电加工工序只进行较小余量的电火花精加工。

单电极加工法一般应用于较简单的小型型腔的电加工。

对型腔的预先加工,一般型腔可用立式铣床来进行,复杂型腔或大型型腔可先用立式铣床去除大部分的加工余量,再用仿形铣床进行精铣。

电加工余量的大小在能保证加工成形要求的前提下越小越好。一般型腔侧面余量单边留 0.1~0.5 mm,底面余量留 0.2~0.7 mm。多台阶的复杂型腔,余量应适当减小些,以便在电极损耗较小时就形成所需要的型腔。电加工余量应分布均匀、合理,否则将使电极损耗不均匀,影响成形精度。

②单电极平动法

所谓单电极平动加工法,是指利用机床的平动驱动装置来带动电极实现平面回转运动或移动,完成最终精加工的电加工方法。

所谓平动,是指电极相对于工件除了可以在轴向方向上完成正常的进给运动外,还可以沿着径向方向进行移动或转动。

如图 1.25 所示是数控电火花加工机床上常用的典型平动方式。该平动运动是借助于数控机床工作台的微动伺服进给功能来实现的,为了区别于主轴头的轴向进给运动,习惯上把该平动运动称为电极的摇动。慢速均匀的自转可以使电极损耗很均匀,而径向移动可以不断扩大电极加工的区域和范围,达到所需要的展成表面的目的。

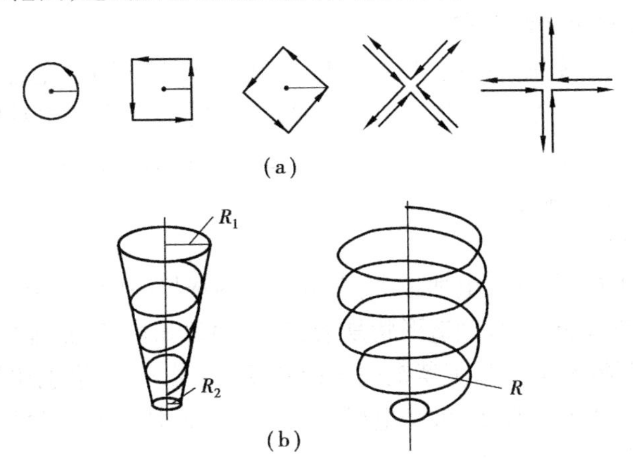

图1.25　几种典型的摇动模式

(a)基本摇动模式　(b)螺旋摇动模式

单电极平动法电加工需要机床具有平动功能,如机床具有数控坐标回转或移动工作台来带动工件作平面圆周回转运动或移动,或者机床配备有专门的平动头附件等驱动装置。

平动加工法加工的特点是:型腔可不经过预加工,直接利用电极,先采用低损耗、高生产率的粗规准对型腔进行粗加工,然后启动平动装置来带动电极进行平动回转或移动,同时按粗、中、精的加工顺序逐级转换电规准,并相应加大电极作平面圆周运动的回转半径,将型腔的内腔逐步扩大,直至加工到所需要的尺寸及表面粗糙度要求为止。

2)多电极加工法

多电极加工法是指轮流采用不同尺寸的电极,依次完成形腔的粗加工和精加工的电加工方法。

如图1.26所示,依次用不同尺寸的3个电极对同一个型腔进行粗规准、中规准和精规准加工。这样,每一次加工的电极尺寸和电规准可以根据各自的加工要求来灵活地设计,可以保证最终得到较高的加工精度。

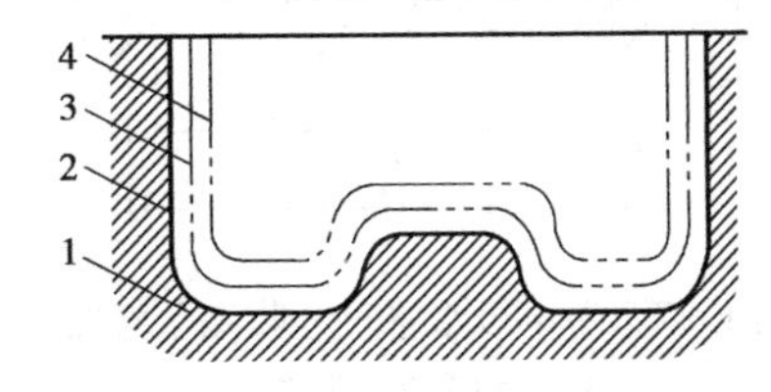

图1.26　多电极加工示意图

1—凹模模块;2—精加工后的型腔;3—中规准加工后的型腔;4—粗加工后的型腔

多电极加工法的特点是用多电极加工法加工的型腔精度高,故该方法尤其适用于加工尖角、窄缝多的型腔。其缺点是需要设计制造多个电极,并且对电极的制造精度要求很高,每次更换电极时,需要保证较高的电极校准定位精度,而且每更换一个电极进行加工,都必须把被加工表面上,由前一道工序所产生的加工误差和电蚀痕迹完全去除。因此,这种方法一般只用于精密型腔的电加工。

3)分解电极法

分解电极法是指把较复杂的电极分解为主型腔电极和副型腔电极,分别加工型腔的主要部分和其他细节部分的二次加工方法。

根据型腔的几何形状,把电极分解成主型腔电极和副型腔电极,两电极分别制造,先用主型腔电极加工出型腔的主要部分,再用副型腔电极加工型腔的尖角、窄缝等部位。这种方法能根据主、副型腔的不同加工条件,根据各自的加工特点,选择不同的电规准,有利于提高加工速度和加工质量,并使电极易于制造和修整。

由于分解电极加工法要用不同的电极对同一个型腔的不同部位先后进行电加工,型腔各部的几何形状与相对位置关系要借助于主、副电极加工时的严格的相对位置关系来保证,因此,分解电极加工法对主、副型腔电极每一次的安装校正定位精度有较高的要求。

(2)成形电极的设计与制造

1)电极材料的选择

与电火花穿孔加工相同,型腔电加工中,电极材料的选择一般多使用紫铜或石墨。紫铜材料的强度和塑性都比较理想,适合制造形状复杂、较多尖角和棱角、精度要求较高的塑料成形模、压铸模等轮廓要求清晰的模具,但紫铜的组织紧密,质量大,价格也比较贵,不适合制造大型的电极;而石墨较轻,也易于加工,大型电极多用石墨来制造,但石墨材料的机械强度较差,不适合于制造带有微细结构的电极。

2)电极尺寸设计

电极尺寸可分为轴向尺寸和水平尺寸两个方向,加工型腔的电极尺寸与型腔电加工时的放电间隙大小、型腔电加工方法以及电极损耗率等因素有关,电极设计时需综合考虑以上各个因素的影响。

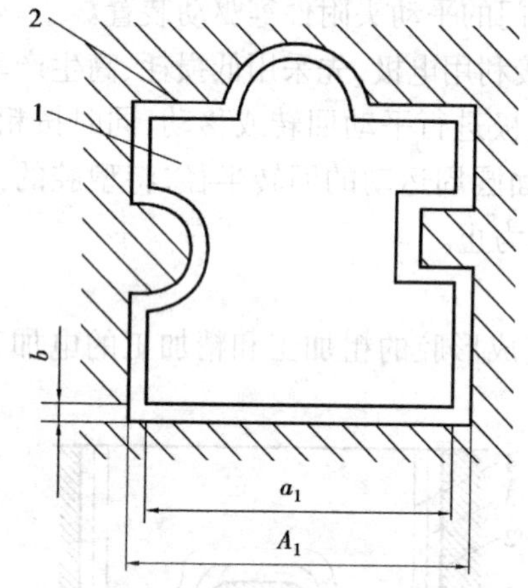

图 1.27　单电极水平尺寸收缩示意图
1—电极;2—型腔

①电极水平尺寸

电极在垂直于主轴进给方向上的尺寸称为水平尺寸。

当型腔采用单电极进行电火花加工时,电极的水平尺寸只考虑放电间隙的影响,即电极的水平尺寸等于型腔的水平尺寸均匀地缩小一个放电间隙即可。

当型腔采用单电极平动加工时,需考虑的因素较多,除了要考虑放电间隙的影响外,还要将平动调整量从水平尺寸中减掉。一般精加工的放电间隙可控制为 0.01~0.03 mm,而电极平动调整量要根据机床的具体情况来确定,一般在 0.5 mm 以上。单电极水平尺寸的周边收缩量如图 1.27 所示。

②电极垂直方向尺寸

电极垂直方向尺寸是指电极在轴线方向上的尺寸。电极在主轴轴线方向上的尺寸情况如图 1.28 所示。

由图 1.28 可知,电极在垂直方向上的尺寸除了考虑电极在型腔内的工作高度外,还要为电极的轴向损耗的补偿和电极的多次重复使用和修理预留出足够的修正长度,同时还要给夹头或固定板的装夹留出足够的长度。

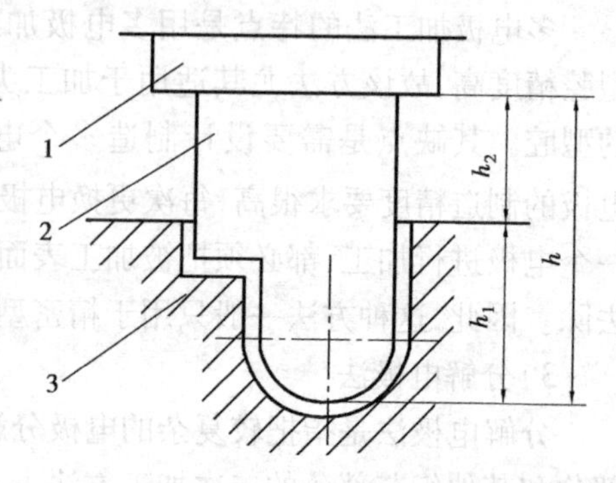

图 1.28　电极垂直方向尺寸
1—电极固定板;2—电极;3—工件

3)电极的排气孔和冲油孔

由于型腔电极的截面尺寸较大,型腔的型面结构复杂，加上型腔的盲孔结构，因此，排气和排屑条件比穿孔加工要困难得多。由于排气、排屑不畅会造成二次放电、加工斜度等表面质量问题，严重时会影响到加工稳定性和电加工效率，因此，型腔加工的电极需要很好地解决排气和冲油排屑问题，设计电极时应在电极上设置必要的排气孔和冲油孔。如图1.29所示为设计有强制冲油孔的电极。如图1.30所示为设置有排气孔的电极。

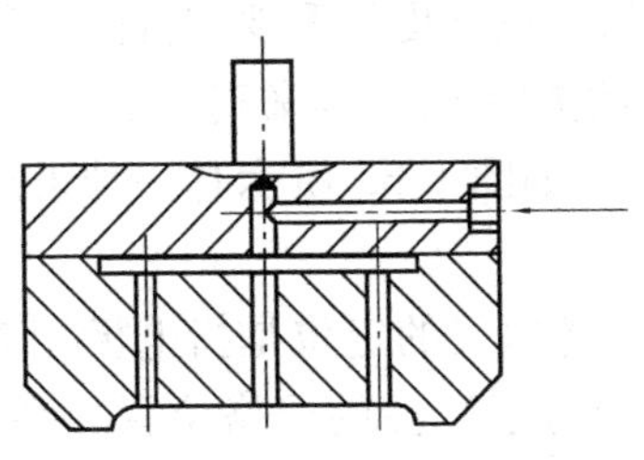

图1.29　电极上的冲油孔

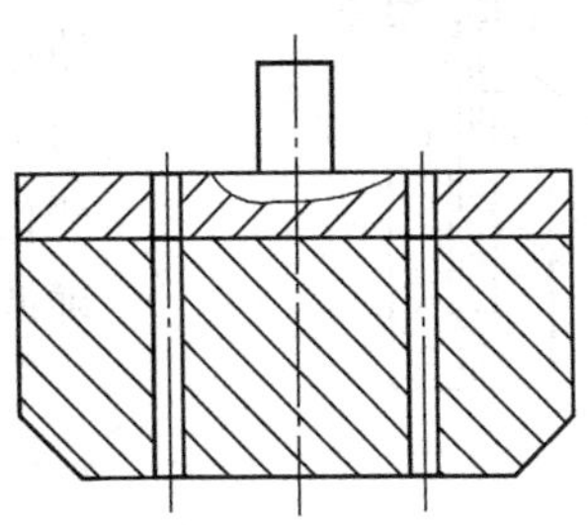

图1.30　电极上的排气孔

一般情况下，冲油孔应设计在难于排屑的拐角、窄缝等处，而排气孔要设计在蚀除面积较大的位置和电极端部有凹入的位置，冲油孔和排气孔的直径一般为1～2 mm为宜，过大的孔径容易在电蚀表面留下电加工凸起，不易清除。孔距为20～40 mm，以工作通道内不产生气体和电蚀产物的滞留积存死角为原则。

4）石墨电极的镶拼

大型电极多用石墨来制造，而当石墨的坯料尺寸不够大时，可以通过镶拼技术对石墨电极进行拼装。小块的石墨材料可以采用环氧树脂和聚乙烯醇缩醛等黏胶剂进行黏结，也可以用螺栓来进行石墨的拼接。由于石墨较脆，故不适宜在石墨上攻螺纹。在进行石墨拼接时要注意，同一电极的各个拼块都应该采用同一牌号的石墨材料，并且使其纤维组织的方向要一致，如图1.31所示，以避免因石墨方向不一致而引起的损耗不均匀。

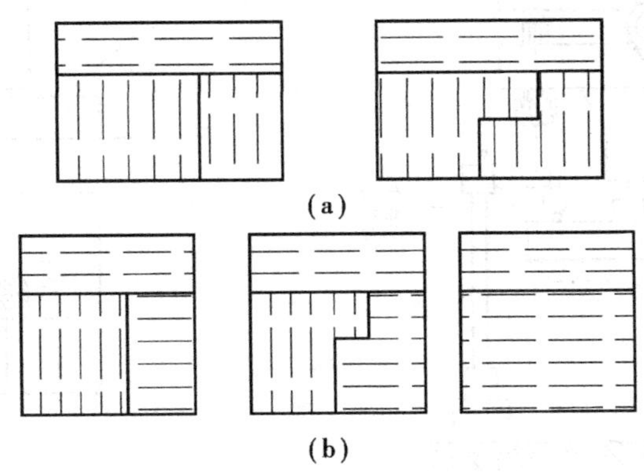

图1.31　石墨电极的正确拼合
（a）合理拼合　（b）不合理拼合

（3）电极的装夹与校正

在电火花成形加工中，电极在机床主轴上的正确安装以及电极相对于工作台上工件的严格位置是保证高精度的完成电加工的关键，因此，电极在主轴上的正确安装及校正是电加工操作的重要工作。

如果电火花加工采用的是单电极加工法，则电极的装夹比多电极加工法要简单，只需根据电极的结构和尺寸大小选用相应的夹具进行装夹和认真的校正即可。

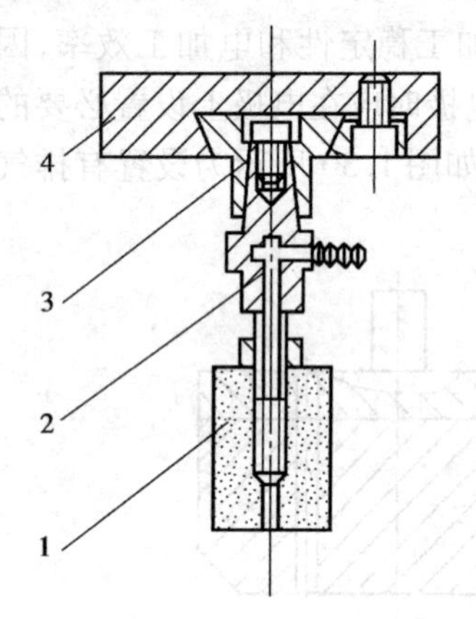

图 1.32　可精调电极位置的夹具
1—电极；2—接杆柄；
3—燕尾划板；4—安装板

如果加工采用的是多电极加工时，即加工过程中的粗、中、精加工分别使用不同的电极，所采用的多个电极在加工时，电极要进行多次更换和装夹，那么，每次在主轴上安装电极时，电极都必须相对于主轴具有唯一确定的位置，尤其在使用分解电极法时，这一点则更加重要，为此，就需要采用能够进行准确的位置调整的专门夹具来安装电极，以保证电极严格的重复定位精度。如图 1.32 所示是一种可用于电极精确调整安装的夹具。

需要注意的是，上述电极的定位是指电极相对于主轴的定位，还不包括电极相对于工件的严格位置关系，电极相对于主轴的严格定位，要求主轴夹具上必须具备较准确的定位基准元件，如定位销、V 形槽等定位结构，以便为电极的定位提供位置基准依据。

如图 1.33 所示为用百分表对电极进行水平校正的示意。

(4)工件的定位安装

所谓工件的定位，是指当模具坯件在工作台上安装时，必须与已经安装在主轴上的工作电极间有一个严格的相对位置，即工件的所谓“定位”，工件常用的定位方法一般有以下 3 种方法：

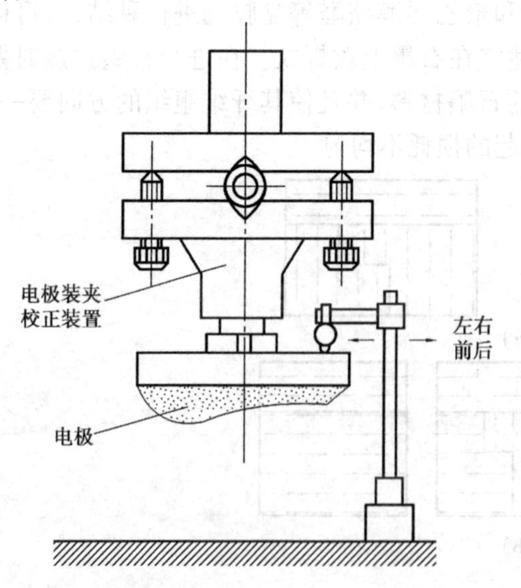

图 1.33　用百分表校正电极

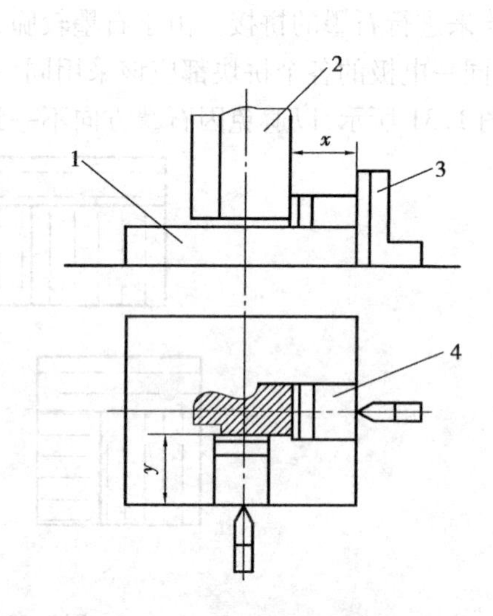

图 1.34　用量块和角尺来定位工件
1—工件；2—电极；3—角尺；4—量块

1)量块、角尺定位法

利用量块和角尺对工件进行安装定位的方法一般应用于具有垂直侧面的电极或工件，工件安装与校正的具体方法如图 1.34 所示，利用电极的实际尺寸和计算好的量块来确定工件相对于电极的正确位置。

2)十字线定位法

十字线定位法是指在电极或电极固定板的4个侧面划出十字中心线,同时在工件模坯上也划出十字中心线,校正电极和工件的相对位置时,依靠角尺将电极在模坯上方对应的中心线处进行仔细地校准,如图1.35所示。这种方法的定位精度在很大程度上取决于划线精度和操作技工的校正视觉,故定位精度较低,只适用于定位精度要求不高的模具。

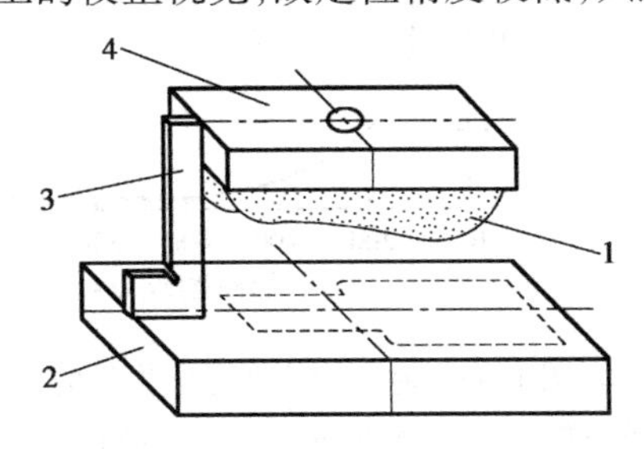

图1.35　工件的十字线定位法

1—电极;2—工件;3—角尺;4—电极固定板

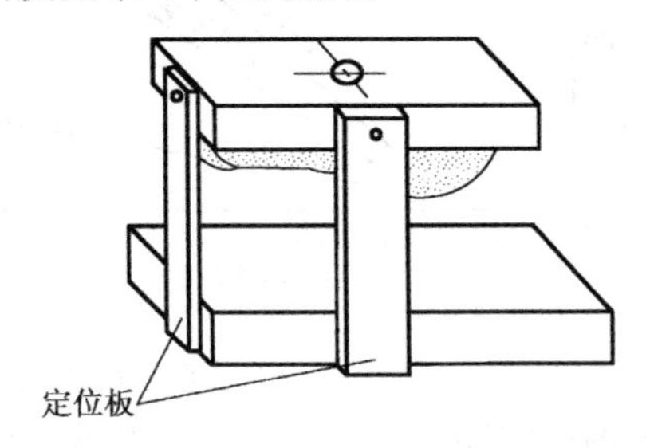

图1.36　用定位板定位工件

3)定位板定位法

定位板定位法是指利用定位板来进行工件的定位,如图1.36所示,在电极固定板的两个相互垂直的侧面上分别安装两块定位基准板,在工件安装定位时将工件上的定位面分别与两定位板贴紧,达到准确定位安装的目的。此法较十字线定位法的定位精度高,但电极固定板上的两块定位基准板相对于工件的预定位置,需要提前用专用的调整块进行精确的调整安装。

(5)型腔加工电规准的选择

一般粗规准的蚀除能量大,对材料的蚀除速度快、电加工生产率高,但加工表面粗糙度差,不易得到光洁的表面,而精规准的加工精度高,但生产效率低。

1)不同电规准对型腔加工的影响

与穿孔电加工不同,由于型腔加工的截面积较大,故要求电规准能量要大,尤其对于粗加工更是这样。影响电极和工件的蚀除量和电加工精度的最主要因素是脉冲宽度 t_i 和脉冲电流的峰值 I_e,另外还受到电极及工件的材料、加工介质、电源种类及单个脉冲能量等因素的影响。

①脉冲电流峰值 I_e 的影响

脉冲电流的峰值 I_e 的大小对蚀除量的影响程度曲线如图1.37所示,脉冲的峰值越大,蚀除量越大,电加工的生产效率则越高。当然,蚀除量的另一个重要影响因素脉冲宽度 t_i 的正确选择也是相当重要的。由图1.39可知,只有在脉冲宽度 t_i 达到200~500 μs时,大的电流峰值 I_e 才能发挥其高效蚀除作用。

②脉冲宽度 t_i 的影响

脉冲宽度则直接影响蚀除量和生产效率,还直接影响电加工质量。脉冲宽度大,电加工的蚀除量大,生产效率则高。而脉冲宽度影响电加工质量的主要原因是由于电极损耗的影响,因为不同脉冲宽度条件下的电极损耗是不一样的。如图1.38所示,脉冲宽度 t_i 为100~500 μs时,电极损耗随脉冲宽度的不断增大而减小,而当脉冲宽度超过600 μs时,电极的相对损耗才会明显减小,因此,在电极损耗较大的粗加工中,一般采用较大脉冲宽度的电规准($t_i>500$ μs)。

③脉冲间隔的影响

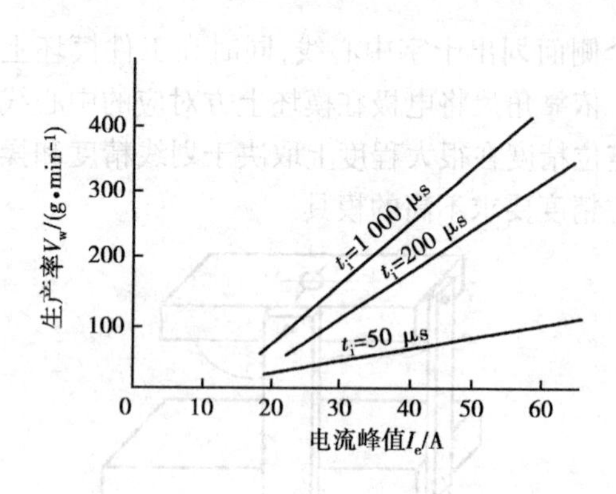

图 1.37　脉冲电流峰值对生产率的影响

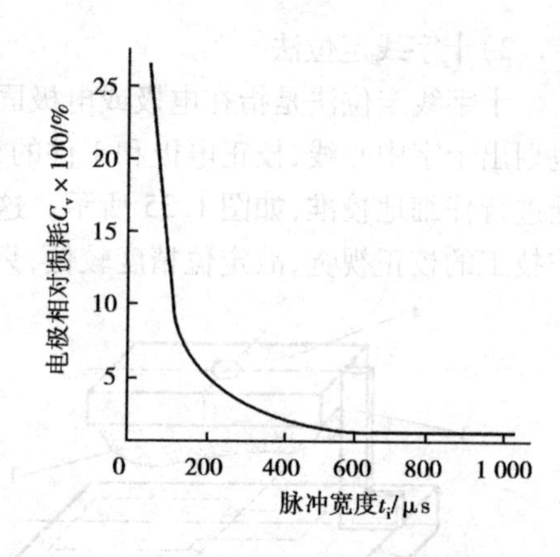

图 1.38　脉冲宽度对电极损耗的影响

为确保脉冲电源发出的一串电脉冲在电极和工件间产生一个个间断的火花放电，而不是连续的电弧放电，必须保证前后两个电脉冲之间具有足够的间歇时间，使放电间隙中的电介质充分消除电离状态，迅速恢复放电通道的绝缘性，以避免在同一部位发生连续放电而导致电弧的发生，正常情况下，脉冲间隔应保证达到脉冲宽度的 1～4 倍，因此，脉冲间隔也是十分重要的电参数。

2）电规准的选择

根据工件的粗、精加工等不同的加工工序的需要，分别采用粗、中、精 3 种相应电规准来达到不同的加工要求。

①粗规准

对粗规准的要求是：粗规准应以高的蚀除速度加工出型腔的基本轮廓，而且电极损耗要尽量小，电蚀表面不能太粗糙，以免精加工的工作量过大。因此，在粗加工中，一般选用较宽的电脉冲（t_i >500 μs）和较大的峰值电流。为了减小电极损耗，采用负极性加工。另外，应注意脉冲电流与加工面积间的相应配合关系，一般在采用石墨电极加工钢时，电流密度取 3～5 A/cm^{2}为宜；采用纯铜电极加工钢时，电流密度可稍大些。

②中规准

中规准的作用是减小被加工表面的粗糙度，为后面的精加工作准备。中规准的脉冲宽度一般为 t_i =20～400 μs，电流密度要比粗加工时的密度适当减小。

③精规准

由于精加工的加工余量较小，因此，常采用较窄的脉冲宽度和较小的峰值电流。

在电规准调整时，应注意避免发生电弧放电。火花放电与电弧放电的主要区别有以下两点：

a. 电弧放电的击穿电压较低，而电火花的击穿电压高。用示波器则可观察到这一点差异。

b. 电弧放电的放电爆炸力小，颜色发白，蚀除量低。这是因为电弧放电的放电间隙小，电介质的绝缘恢复不充分，始终在同一部位产生连续而稳定的放电，而火花放电是游走性的非稳定性放电，其放电爆炸力大，放电声音清脆，呈蓝色火花，蚀除量高。

子情境2　微电机转子压铸模下模的电火花成形加工操作

1. 微电机转子压铸模下模加工工艺分析

如图 1.39 所示为某微电机转子的压铸模下模。端环型腔外径 97 mm，斜度 4°13′，内径 55 mm，斜度 4°，厚度 11 mm；6 个风叶型腔均布，厚度 4.4 mm，两边斜度都为 4°，高度为 10 mm；6 个平衡柱型腔均布，直径为 5.8 mm，斜度 1°，模具材料为 3Cr2W8V，硬度为 40～45HRC。该模具零件的 6 个风叶型腔和 6 个平衡柱型腔制作精度要求较高，采用电火花成形加工，电极做成组合式，将 12 个凸模组合在一块电极安装板上，形成如图 1.40 所示的组合电极结构进行电火花加工，来保证高精度的加工要求。端环型腔采用车加工。

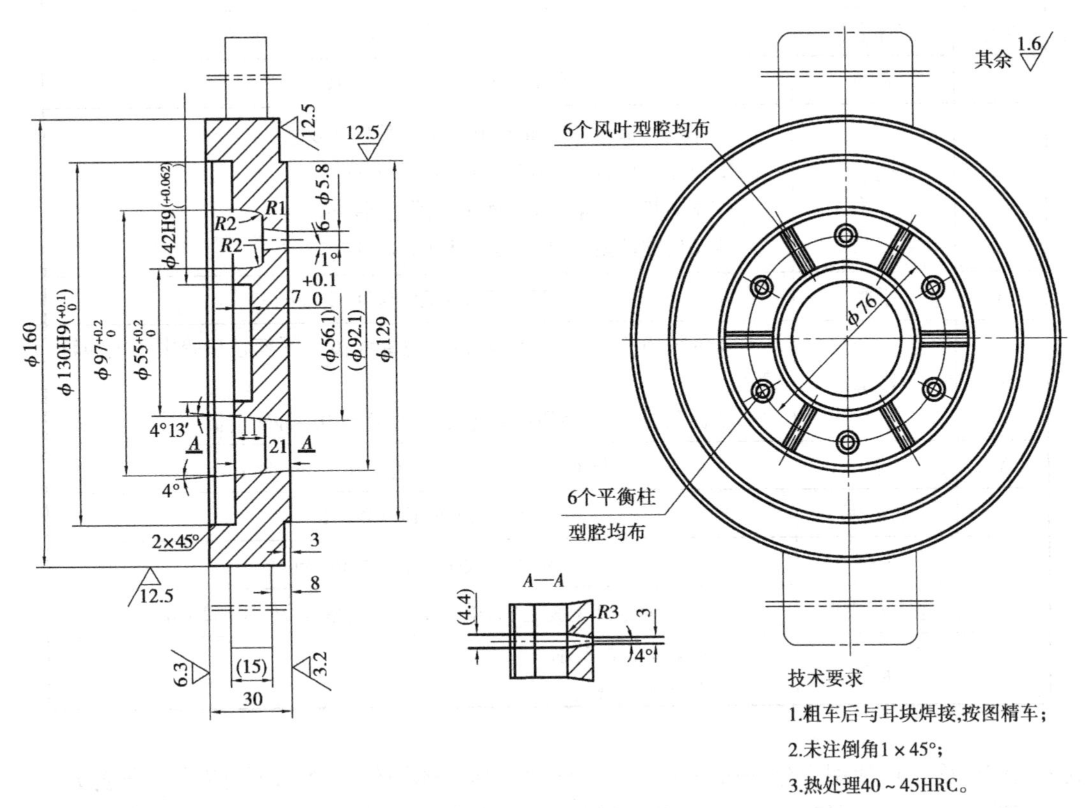

图1.39　微电机转子压铸模下模

组合电极由套圈 2 压紧在电极安装板上，内有衬圈 5、调整片 3 和镶嵌楔块 1 用于电极的安装和位置的微调。

2. 微电机转子压铸模下模加工工艺过程

压铸模下模加工工艺过程如表 1.4 所示。

3. 微电机转子压铸模下模电火花成形加工操作过程

1）电极的装夹与校正。加工多型孔凹模的多个电极可在标准夹具上加定位块进行装夹，或用专用夹具进行装夹。电极在装夹时，必须仔细校正，使其轴心线或电极轮廓的素线垂直于

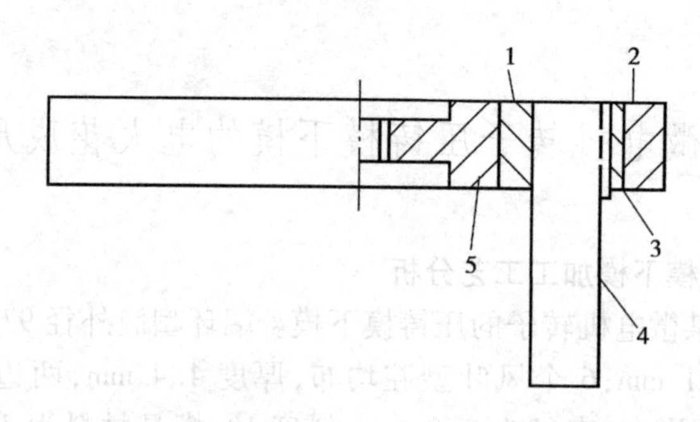

图 1.40　用凸模组装电极的结构示意图

1—楔块;2—紧固套圈;3—调整片;4—凸模;5—衬圈

表 1.4　压铸模下模加工工艺过程

零件名称:凹模		材料:3Cr2W8V	热处理:58 ~62HRC
序号	工序名称	工序内容	
1	备料	锻件 ϕ170 mm × 38 mm(退火状态)	
2	粗车	①车削外形 ϕ160 mm × 30.8 mm,外形达要求 ②车 ϕ130 mm 至 ϕ129.94 mm,深 9 mm ③车 ϕ42 mm 至 ϕ41.94 mm,深达到要求 ④车削端环型腔,单边留 0.5 mm 余量	
3	平磨	磨光两大平面,厚 30.3 mm	
4	钳工	①划线:6 个风叶型腔中心线和轮廓线;6 个平衡柱型腔中心线和轮廓线 ②钻孔:钻 6 个平衡柱型腔底孔,单边留 0.5 mm 余量	
5	铣	铣 6 个风叶型腔,单边留 0.5 mm 余量	
6	热处理	淬火:硬度 40 ~45HRC	
7	平磨	磨光两大平面,厚度 30 mm	
8	电火花成形	成形全部型腔轮廓,单边留研磨余量 0.01 ~0.02 mm	
9	钳工	①研磨型腔达要求 ②钳修,进入总装	

机床工作台面。可使用千分表来校正电极垂直度。其具体操作步骤如下:使千分表表头与主轴垂直接触,主轴上下移动,电极的垂直度误差可以由千分表反映出来,在主轴轴线相互垂直的两个方向上反复用千分表找正,可以将电极校正得很准确。

2)工件的装夹与定位。将工件用圆环形垫块垫起,放置于在机床的电磁工作台上,磁力开关处于关闭状态。为了保证工件相对于电极的位置精确,需要对工件位置进行校正。考虑到工件的外形和精度要求,故采用量块、角尺定位法比较合适。其具体操作步骤如下:以精确校正的电极为工件凹模定位的位置基准,以电极的实际尺寸来计算出它与凹模两个侧面的实际距离 X、Y;将电极下降至接近工件;用量块组合和角尺来校正工件的精确位置,工件位置确定后,将磁力开关开启,使工件牢牢吸附在工作台上。

3)开启电源开关如图 1.41 所示,向上扳电源柜左侧的三联主电源空气开关,给接触器控制电源通电。

4)松开急停按钮如图1.42所示。

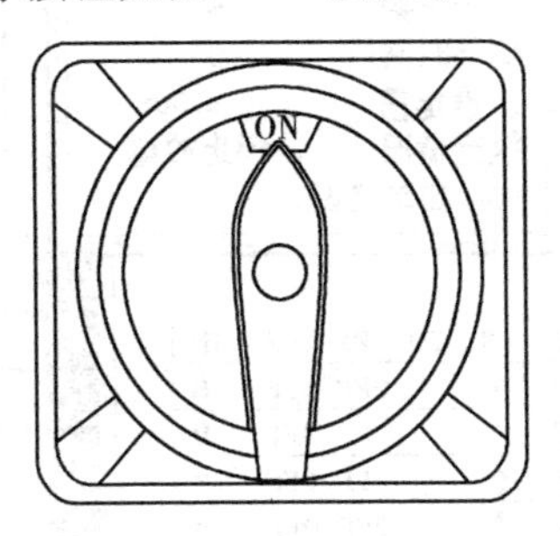

图1.41　电源开关

图1.42　急停按钮

5)系统进行自检,指示灯全亮。片刻后自动进入操作界面如图1.43所示。

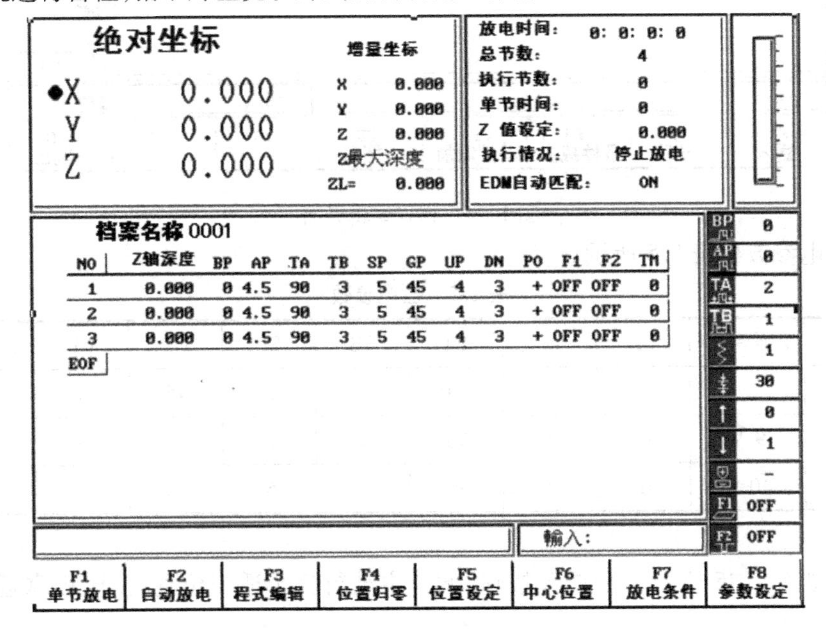

图1.43　操作界面

6)按键盘区的F3进入程式编辑界面,然后按F1“存入”命令,创建一个档案名,如“O1234”,按回车确定。

7)打开刚创建的“O1234”档案,进入如图1.44所示界面。

使用图1.44中的功能键和数字键输入尺寸及参数,本编辑器无节数之限制。输入的程序系统会自动存档,待下次开机会自动加载。

参数编辑步骤如下:

①使用上下左右光标键移动光标至编辑字段元。

②如果是Z轴的参数输入,用数字键输入尺寸。

③如果是EDM参数则使用“F3”与“F4”更改参数。

④使用“F1”插入所需单节,此时系统会将光标所在单节拷贝到下一单节。

⑤使用“F2”,删除不要的单节。

⑥编辑完成使用“F8”跳出,系统会自动存档。

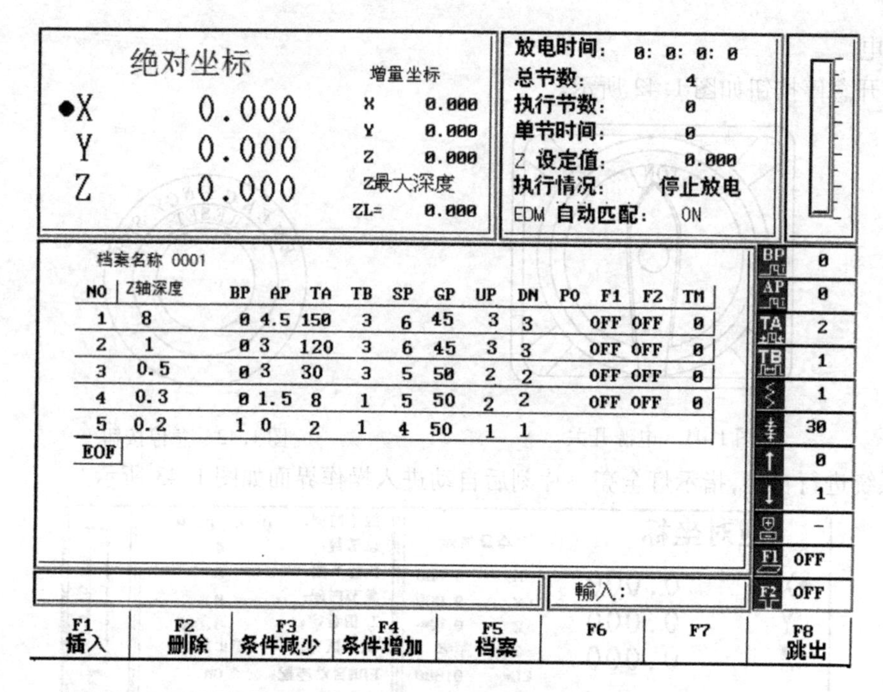

图 1.44 程式编辑界面

具体放电参数如表 1.5 所示。

表 1.5 放电参数

序号	Z 轴深度	BP	AP	TA	TB	SP	GP	UP	DN
1	9	0	12	120	8	6	45	3	3
2	9.9	0	6	90	4	6	45	3	3
3	10.0	0	3	30	2	5	50	2	2

8）使用如图 1.45 所示 Z 轴调节按钮，调节主轴行程至适当位置，使电极靠近加工工件表面。

9）启用如图 1.46 所示自动对刀功能按钮。

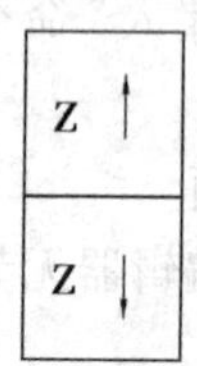

图 1.45 Z 轴调节按钮

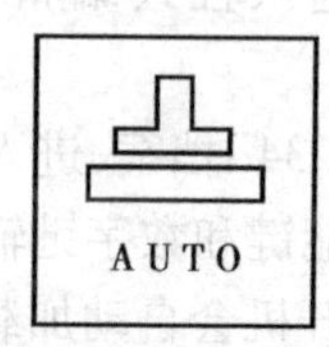

图 1.46 自动对刀按钮

观察电极与工件表面接触时 Z 轴的绝对坐标值，若 Z 轴的绝对坐标值超过 ±0.005，说明对刀未成功，应按以下步骤重复操作，直至对刀成功。

①使用位置归零命令，如图 1.47 所示操作界面。

具体操作步骤如下：

a. 把光标移到归零（X、Y、Z）轴向。

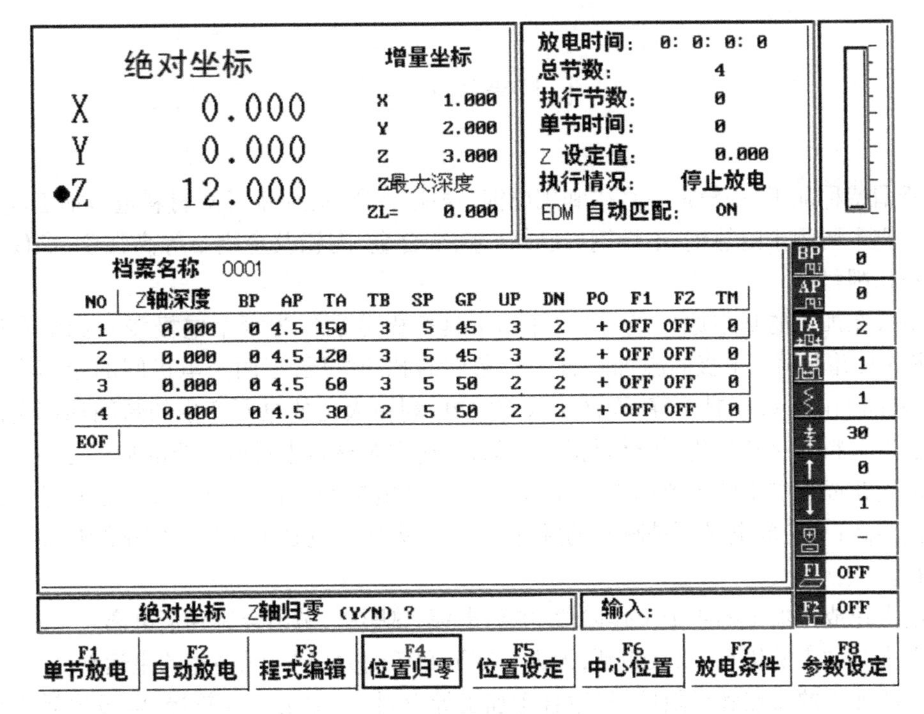

图1.47　操作界面

b. 按“F4”位置归零。

②利用Z轴方向控制键，将Z轴稍微抬高，使电极与工件表面不接触即可。

③再次使用自动对刀功能，观察对刀时Z轴的绝对坐标值是否为0或±0.0050。若为0或±0.005，则满足要求。

10）对刀完成后，将Z轴稍稍抬起，启用如图1.48所示油泵开关按钮。

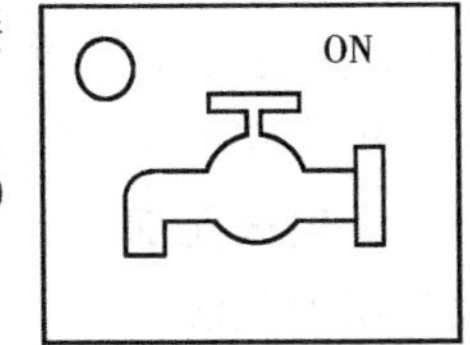

图1.48　油泵按钮

11）如果采用浸油加工，需设置液位到合适位置；采用冲油或抽油加工，只须打开相应阀门。

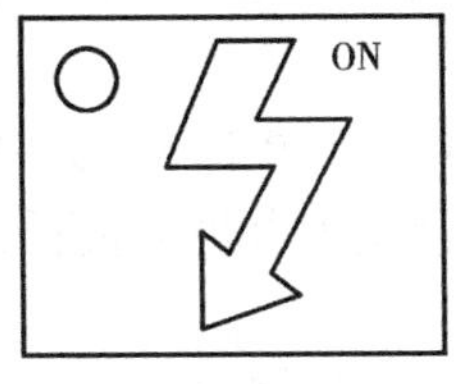

图1.49　放电按钮

12）按键F2功能键“自动放电”。

13）打开如图1.49所示放电开关按钮，等待冷却液到达指定液面高度便会开始放电加工。

14）当尺寸到达设定位置时，系统会自动上升至安全高度停止放电。

15）加工结束，关油泵，按下急停按钮，关闭总电源。

【本情境小结】

①所谓特种加工,一般是指直接利用电能、声能、光能、化学能等对材料进行加工成形的工艺方法。它主要用于耐热钢、不锈钢、硬质合金、钛合金、陶瓷及金刚石等高强度、高硬度和高韧性的难切削材料。

②电火花加工的基本原理是:把工件和工具电极分别作为两个电极浸入到电介质溶液(工作液)中,并在两个电极间施加符合一定条件的脉冲电压,当两个电极间的距离小到一定程度时,极间的电介质会被击穿,而产生火花放电,利用火花放电所产生的瞬间局部高温可使工件的表层材料溶化和气化,使材料得以蚀除,以达到对材料进行所需要的加工之目的。

③电火花成形加工的 3 个基本条件:必须使工具电极和工件被加工表面之间经常保持严格的控制距离;火花放电必须是瞬时的脉冲性放电;火花放电必须在有一定绝缘性能的液体介质中进行。

④电火花成形加工的 4 个工作阶段:电离击穿、热膨胀、抛出金属和消电离 4 个工作阶段。

⑤电火花加工的优点:以软制硬;无夹紧变形和切削力变形;无高速的主运动。

电火花加工的缺点和局限性:只适合于加工导电材料;加工速度较慢;电极损耗会影响加工精度;加工表面具有变质层甚至微裂纹等缺陷。

⑥电火花加工的工艺范围主要包括穿孔加工(如加工模具模板上的各种型孔)和型腔加工(如注射模、压缩模、压铸模及锻模的型腔加工)。

电火花成形加工机床的结构组成:脉冲电源及其控制系统、机床本体和工作液系统。

⑦电火花加工通孔型凹模时,凸、凹模间隙的控制方法有直接控制法、混合电极法、修配法及二次电极法。

⑧常用的电极材料为石墨和纯铜。

⑨所谓电规准,是指在电火花加工中所选用的一组电脉冲参数,包括脉冲电流的峰值、脉冲的周期、脉冲的宽度和脉冲的间隔大小等电参数。

⑩电规准通常可分为粗、中、精规准 3 种。粗规准主要用于粗加工,中规准是粗、精加工间的过渡性加工所采用的电规准,精规准用来进行精加工。

⑪在实际生产中,习惯上把工件接正极的加工称为“正极性加工”或“正极性接法”。工件接负极的加工称为“负极性加工”或“负极性接法”。在电加工中,为了尽量减少电极的损耗,希望充分利用极性效应,加大工件的蚀除量而尽量保持电极的原形。

⑫与机械加工相比,电火花加工的型腔具有加工质量好、粗糙度小,减少了切削加工和手工劳动的工作量,使生产周期缩短等优点。

⑬型腔加工的常用工艺方法有单电极加工法、多电极加工法和分解电极法。

⑭型腔加工的电规准采用粗、中、精 3 种不同的电规准来加工工件。根据工件的粗、精加工等不同的加工工序的需要,分别采用粗、中、精 3 种相应电规准来达到不同的加工要求。

⑮正确选择加工电规准,对加工精度、表面粗糙度和电加工生产率都有着直接的影响。

在电规准调整时,应注意避免发生电弧放电。

习题与思考题

1.1　什么叫特种加工？我们所说的特种加工主要包括哪些加工方法？

1.2　电火花加工需要具备哪些基本条件？

1.3　电火花加工具有哪些特点？它适用于哪些加工场合？

1.4　电火花成形加工机床主要由哪几大部分所组成？各个部分的主要功能是什么？

1.5　电火花加工型孔的电极材料应具备哪些基本条件？石墨电极具有哪些优缺点？

1.6　一次电火花的放电过程可以划分为哪几个工作阶段？

1.7　什么叫电规准？电加工中的电规准分为哪几种？各应用于什么场合？

1.8　影响电火花加工质量的因素有哪些？

1.9　什么叫“极性效应”？电加工中应如何正确利用极性效应？

1.10　为什么说电火花型腔加工要比型孔加工困难？

1.11　电火花型腔加工常用哪几种工艺方法？

学习情境 2
微电机转子冲片凹模的线切割编程与加工

【学习目标】

①了解电火花线切割加工的原理和工艺特点。

②理解电火花线切割加工的工艺过程,合理选择和调整工艺参数。

③掌握电火花线切割加工常用机床的结构组成和电火花线切割加工程序的编制方法。

本情境主要介绍电火花线切割加工的原理和工艺特点;电火花线切割加工的工艺过程及其设备组成;电火花线切割加工在模具加工中的应用方法;电火花线切割加工程序的编制方法。

子情境 1　线切割编程与加工咨询

课程 1　电火花线切割加工原理和特点

电火花线切割加工是利用电火花加工的基本原理,用一根金属丝来作为工作电极(一般是负极),而工件作为另一个电极(正电极),利用脉冲电源和极间工作液的绝缘与电离击穿作用,对工件进行加工。

1. 电火花线切割加工的基本原理、特点与工艺范围

电火花线切割加工的基本原理如图2.1所示。图2.1的1是机床的脉冲电源系统,工件7接脉冲电源的正极,电极丝接负极,在工件与电极丝之间加上高频脉冲电源后,工件与电极丝之间会产生很强的脉冲电场,使其间的工作液介质被电离击穿产生脉冲放电,利用电火花的放电来烧蚀工件材料。在烧蚀过程中,在机床数控系统2插补控制下,步进电动机5和6使工作台带动工件相对于电极丝按照所要求的加工形状轨迹作进给运动,在电极丝经过的沿途,电火花不断地将工件与电极丝之间的金属材料烧蚀掉,就可以逐渐切割出所需要的工件形状。

同所有的电火花加工方法一样,电火花线切割加工中也有极性效应问题,为了获得较好的表面加工质量和较高的尺寸精度,加工过程中,电极丝受到的腐蚀要求尽可能地小,因此,将电极丝接脉冲电源的负极,工件接正极,这样电极丝受到的腐蚀最小。为了减小因电极丝的烧蚀而引起的加工误差,要求电极丝不断地作轴向移动,以避免电极丝在某个局部位置的过度烧蚀。另外,加工过程中,还需要不断地向放电间隙中注入大量的液体介质,以使电极丝得到充分的冷却、冲刷,并保证能够在电极丝与工件间不断地形成正常的火花放电,避免产生电弧放电。

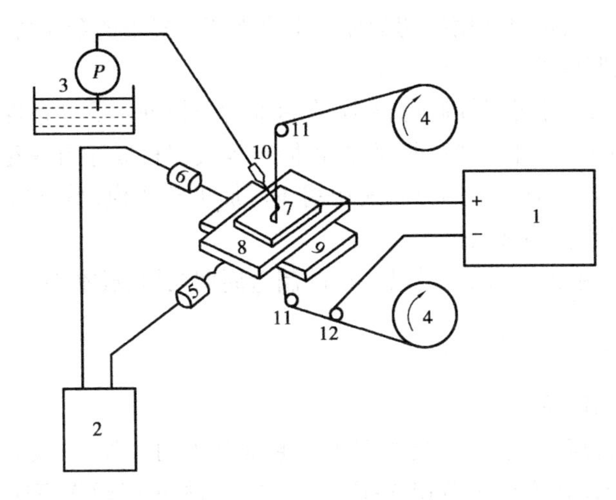

图 2.1　电火花线切割加工原理

1—脉冲电源;2—数控进给装置;3—工作液箱;4—走丝机构;5、6—步进电机;
7—工件;8、9—纵、横滑板;10—喷嘴;11—导轮;12—电源电极

2. 电火花线切割加工的工艺特点

与其他电加工相比较,电火花线切割加工具有以下工艺特点:

①线切割直接利用电极丝作电加工的电极,不需要制作专用电极,可以节省电极的设计和制造费用。

②线切割采用细电极丝切割材料,因此,可以加工其他加工方法所不能加工的极其细微、狭窄的孔、槽结构。

③运动的电极丝的损耗极小,可以保证较高的加工精度。

④可以加工侧壁倾斜的异性小孔。

⑤线切割加工的工作液为水基乳化液,成本低,不会发生火灾。

3. 线切割加工的应用范围

由于电火花线切割加工具有上述特点,因此,线切割加工为新产品试制、精密零件加工及模具制造开辟了一条新的工艺途径。目前,电火花线切割主要应用于以下 5 个方面:

(1)高硬度模具零件的加工

线切割非常适合于切割加工用硬质合金、淬火钢等高硬度材料制作的模具零件和样板等那些常规加工方法难以加工的模件。

(2)具有细微异性孔、槽的模件

电火花线切割采用很细的电极丝作切割加工工具,故线切割适用于各种形状的冲模加工,尤其是那些形状复杂、常有尖角窄缝的小型凹模的型孔,可采用整体结构,在淬火后进行线切割加工,既能保证模具的精度,又可简化设计与制造过程,降低了模具生产成本,节省了生产时间。

(3)切割成形电极

电火花穿孔加工用的电极、带有锥度的型腔电极、铜钨、银钨合金材料的电极,用线切割加工较为经济。

(4)贵重金属下料

由于线切割加工所消耗的工件材料极少,而且电极丝本身也可以选择得很细(最细的电极丝尺寸可达0.02 mm),可以利用线切割加工手段来切割贵重的金属材料。

(5)同时加工凸、凹模件

由于线切割的加工间隙可以控制得很小,在目前的数控伺服驱动条件下,可以把加工精度控制为0.01~0.001 mm,而且,凸模、凹模、凸模固定板及卸料板等同一套模具件,可以采用同一个加工程序来进行线切割加工。此外,线切割还可加工挤压模、粉末冶金模、弯曲模及塑压模等模件,还可加工带锥度的模具。

因此,电火花线切割加工可以使模具生产的制造周期缩短,成本降低。

课程2　电火花线切割加工设备

1. 两类电火花线切割机床

根据电极丝的运行速度,电火花线切割机床通常分为两大类:一类是快走丝线切割机床(或称高速走丝电火花线切割机床WEDM-HS),这类机床的电极丝作高速往复运动,一般走丝速度为8~10 m/s,这是我国生产和使用的线切割机床,也是我国独创的电火花线切割加工模式;另一类是慢走丝电火花线切割机床(WEDM-LS),这类机床的电极丝作低速单向运动,一般走丝速度低于0.2 m/s,这是国外生产和使用的线切割机床。

快走丝线切割机床一般采用直径为0.1~0.2 mm的钼丝做电极丝,走丝速度较快,而且是双向往返循环地运行。如图2.2所示为高速走丝机床的储丝筒结构示意图,整根电极丝整齐地缠绕在储丝筒上,其一端通过导丝系统的上导轮、下导轮、工件穿丝孔和调整张紧机构与储丝筒的左端面相固定连接,而电极丝的另一端则与储丝筒的右端面相连接,整个储丝筒由双向电动机带动。当电机带动储丝筒向一个方向转动时,电极丝会在走丝滑板的带动下,按照电极丝的直径大小为导程作均匀的绕丝运动;当储丝筒走到头时,安装在走丝滑板上的撞块会压下行程开关,使电机进行换向,储丝筒进行反转缠绕,完成反向走丝。

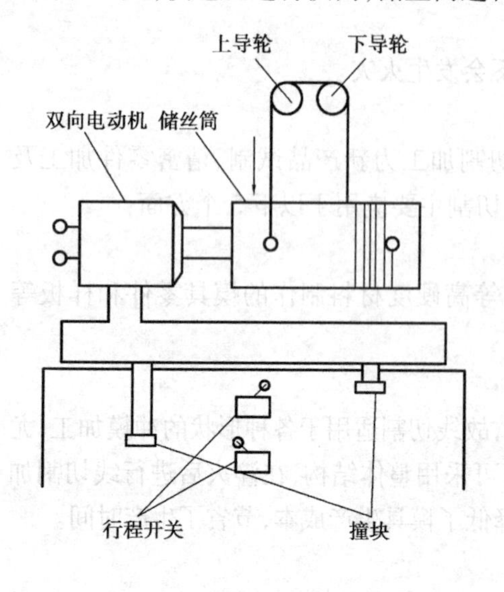

图2.2　高速走丝机构示意图

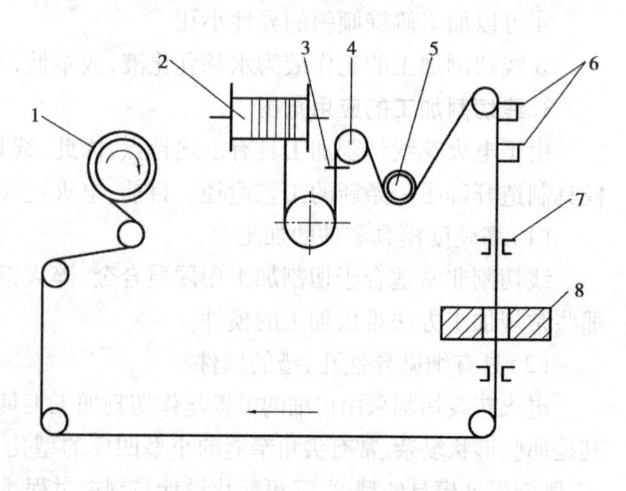

图2.3　低速走丝机构示意图

1—卷丝筒;2—储丝筒;3—拉丝模;4—电动机驱动轮;5—张紧轮;6—退火装置;7—导线装置;8—工件

慢走丝数控线切割机床的走丝速度较低，一般为0.05～0.25 mm/s，低速走丝机床可使用纯铜、黄铜、钨、钼等各种合金以及金属涂覆线作为电极丝，其直径一般为0.03～0.35 mm。而电极丝的走丝是单方向的运动，如图2.3所示，储丝筒1的转动可以实现电极丝的单向走丝运动，未使用的电极丝储存在储丝筒2中，整根电极丝由电动机驱动轮4和张紧轮5进行适度的张紧，退火装置6可以对电极丝进行退火处理，防止断丝的发生。

由于慢走丝加工的电极丝不重复使用，避免了由于电极丝的损耗所带来的影响，因此，低速走丝加工比高速走丝的加工精度高。目前的低速线切割加工的加工精度在±0.001 mm范围内，表面粗糙度R_a可达到0.3 μm。

由于低速走丝机床利用所配备的数控系统对机床的运动和电极相对于工件的加工位置进行伺服进给，因此，低速走丝机床的控制进给精度和加工效率要比高速走丝机床高。而高速走丝线切割机床结构较简单，价格较低速走丝机床便宜。另外，由于它的走丝速度快、机床的震动较大，电极丝的震动也大，导丝导轮损耗也大，故加工精度要差得多。

2. 数控电火花线切割机床的型号与技术参数

目前，我国数控电火花线切割机床型号的编制标准是根据原机械部1985年12月颁布的《金属切削机床型号编制方法》(JB1938—85)中的规定来执行的，机床型号由字母和数字共4个主要部分所组成，分别表示机床的类型、特性、组别系列和机床的主要参数。

例如，DK7732E的含义如下：

第1位字母表示机床的类型代号，用汉语拼音的大写字母表示。例如，D表示特种加工机床，其参考读音为“电”。

第2位字母表示机床的特性代号，分通用特性和结构特性。例如，K为通用特性代号，读音时直接读作“控”字，表示数字程序控制机床即数控的意思。

第3、4位数字为机床的组系代号，前一位数字表示机床的组别代号，后一位数字表示机床的系列代号。这里的77表示该机床为第7组、第7系列的机床，即电火花线切割快速走丝机床。如果代号为76，则表示第6系列为慢走丝机床。

第5、6位数字为主参数代号，表示机床的主要特性及其加工范围。这里的32表示机床主参数是工作台的横向行程为320 mm。

以上是机床型号的4个主要部分，如果还有其他内容，可在最前面或者最后面附加相应的代号。例如，本例的第7位字母表示该组线切割机床经过了重新改进，如E表明该机床经过了第E次的某项结构改进。

除了上述统一编号规则之外，有些企业对自行开发的新机床或作了某些重大技术改进的机床设备在没有进行最终鉴定取得统一编号资格之前，可能会暂时采用非统一编号，如8PK400H等。表2.1列出了部分国产电火花线切割机床的主要型号及技术参数。

3. 电火花线切割机床的结构与组成

电火花线切割加工机床的结构组成可大致划分为机床本体、脉冲电源、数控进给控制系统及工作液循环系统4个主要部分。

表 2.1 部分国产电火花线切割机床的型号及主要技术参数

机床型号	DK7720	DK7625A 慢	DK7725M	DK7732	DK7740	DK7750	SPK400H
工作台纵横行程/mm	250×250	320×250	320×250	500×320	500×400	800×500	600×400
最大切割厚度/mm	200	100	300	300	400	300	200
加工精度/mm	0.015	0.01	0.01	0.015	0.025	0.01	0.01
表面粗糙度 R_a/μm	2.5	1	1.6	1.8	2.5	2.5	2.5
工作台最大承载/kg	60	120	120	250	320	630	500

如图 2.4 所示为快走丝线切割机的结构原理示意图。工件 2 被固定在机床的工作台滑板上,而作为电切割工具用的电极丝(钼丝)4 被导丝支架 6 和导轮 5 张紧在工件的型腔穿丝孔内,电极丝和工件分别接通电源的两极,在一定的距离条件内就可以产生电火花,储丝筒 7 可以带动电极丝作往复交替的走丝运动,而工件型腔轮廓的形成则要借助于工作台相对于电极丝的纵、横伺服进给运动来实现,工作液在液压泵的带动下不断地在放电通道内进行循环,完成其电离击穿和消电离的交替作用。

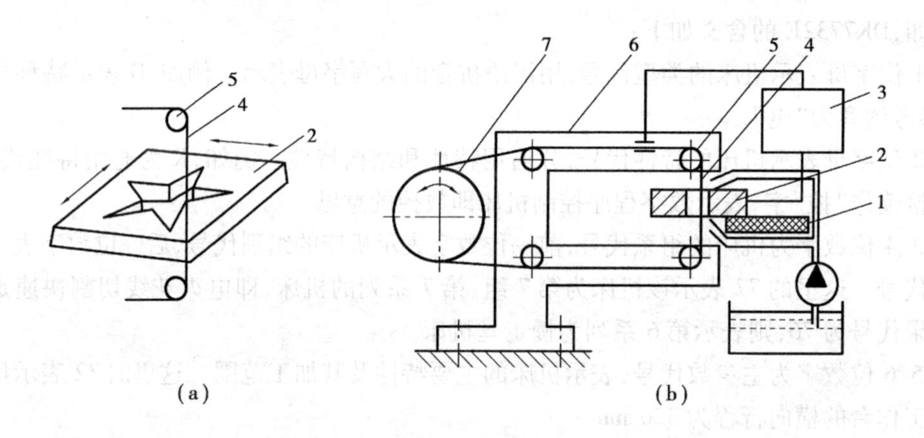

图 2.4 快走丝电火花线切割机床结构原理

1—绝缘底板;2—工件;3—脉冲电源;4—钼丝;5—导轮;6—导丝支架;7—储丝筒

图 2.5 为一种快走丝线切割机床的结构图。由图 2.5 可知,线切割机床主要由机床本体、工作液系统、脉冲电源系统及数控程序控制系统 4 大部分所组成。

(1)机床本体

电火花线切割机的机床本体由床身、纵横移动工作台和走丝机构 3 个部分构成。

1)床身

床身是整个机床的基础。其主要作用是对其他部件提供安装支撑和引导,部分机床为了节省空间,把工作液系统和机床控制系统也装在机床床身内。

2)纵横移动工作台

线切割机床的工作台是用来装夹工件并带动工件完成进给运动的。工作台主要由纵向滑板、横向滑板、滑动或滚动导轨及驱动丝杠螺母副 4 个主要部分所组成。

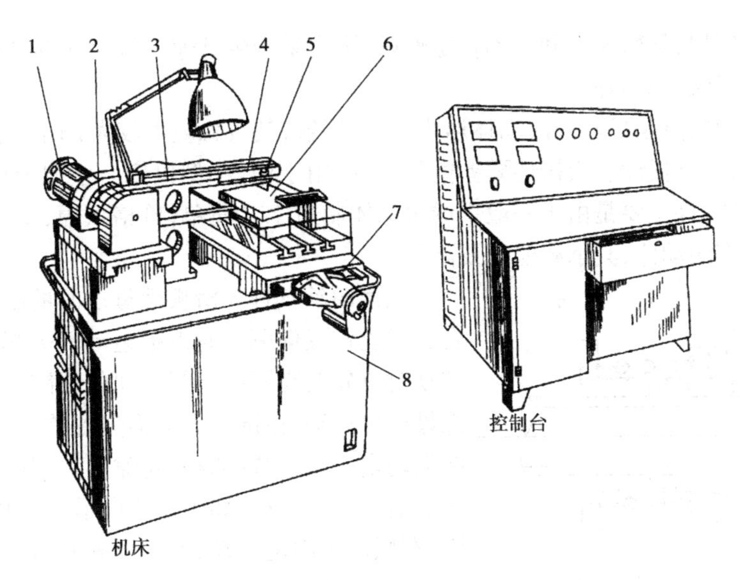

图2.5　快走丝线切割机床的结构

1—走丝电动机;2—储丝筒;3—电极丝;4—导丝架;5—导轮;

6—工件;7—纵横滑板及工作台;8—床身

如图2.6所示为纵、横移动工作台的结构图。其中,1为工作台横向移动操作手轮,可以在工件安装调整时对工作台进行手动移动调整;2为工作台,其顶面有提供工件装夹的T形槽,其下部为横向移动滑板,工件在加工时的伺服进给运动是由纵横移动伺服电机来共同完成驱动的;9为横向移动伺服电机,它接受数控系统提供的进给伺服驱动信号,并把这些信号转换成为伺服电机的转动,然后通过联轴器7带动横向丝杠3使工作台进行横向进给;纵向移动是通过伺服电机(图2.6中未表示出)和减速齿轮12带动纵向移动丝杠13,使工作台产生纵向移动。

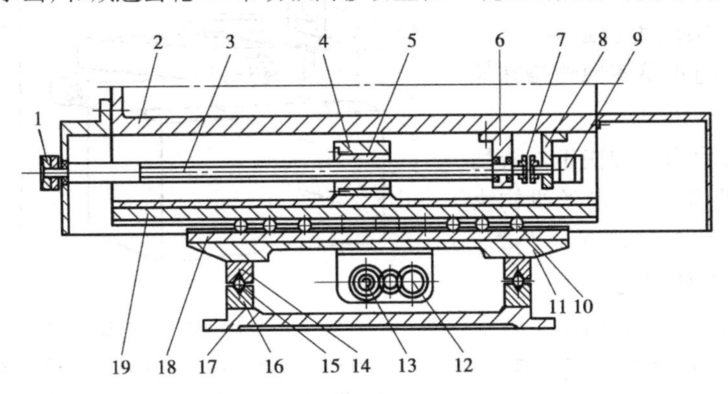

图2.6　纵横移动工作台结构图

1—手轮;2—工作台;3—丝杠;4—螺母座;5—螺母;6—轴承座;

7—联轴器;8—电动机座;9—横向移动伺服电机;10、15—滚珠;

11—纵向移动滑板;12—减速齿轮;13—纵向移动丝杠;

14—纵向移动上导轨;16—纵向移动下导轨;17—底座;

18—横向移动下导轨;19—横向移动上导轨

为了减小滑板的移动摩擦阻力,提高工作台的运动定位精度,纵、横滑板的导轨副都采用了滚动导轨结构。滚动导轨具有摩擦阻力小,定位精度高,制造和安装调试简单,对微量运动要求的速度响应快,导轨刚性和运动稳定性好,不容易产生低速爬行等优点,目前,大多数线切割机床都采用了滚动导轨副。

滚动导轨的缺点是导轨与滚动体形成点、线接触,其接触应力较大,不耐磨损,承载能力也不如滑动导轨,其抗振性和吸振性要差些,一般应用于中、小型机床。小型线切割机床则多采用钢球作滚动体,这主要是由于一般钢球滚动体制造工艺简单,价格低廉;中型数控线切割机床多采用滚柱作滚动体,其承载能力要高些。

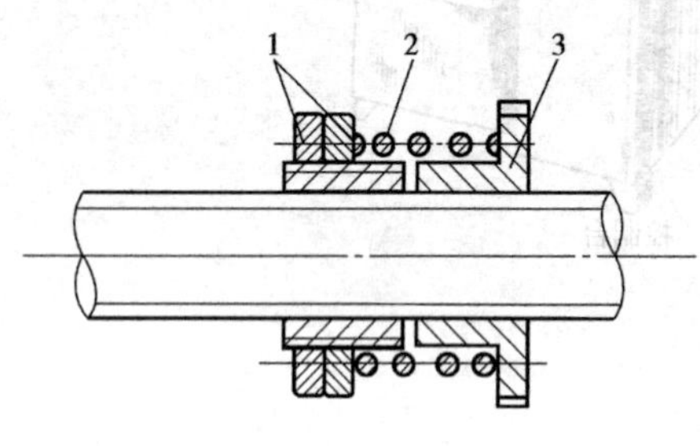

图 2.7　双螺母消隙结构示意图
1—调隙螺母;2—弹簧;3—右螺母

纵横驱动丝杠与滑板螺母之间的配合间隙的存在,会造成丝杠反向驱动时滑板运动的失真,即丝杠在反向转动时首先要克服掉与螺母间的间隙,然后才能够推动螺母产生移动,该部分运动损失习惯上称为传动副的反向失动量。为了减小螺母间隙所造成的运动误差,需要采取消除间隙结构,如图 2.7 所示为一种双螺母消隙结构,右螺母 3 固定不动,调整左螺母外部的调整螺母 1,使其向右压紧弹簧 2,在压簧 2 的强大推力作用下,使左右两个丝杠螺母组合分别与驱动丝杠的两侧齿廓相挤紧,达到消除传动间隙的目的。

工作台驱动所用的步进电机与丝杠间的传动,常采用齿轮副来实现传动,由于齿轮副的啮合存在齿侧间隙,当步进电机换向转动时,会出现传动空程,造成反向失动误差,为了减小这一间隙所造成的反向失动误差,提高工件的加工精度,常采用齿轮啮合消除间隙装置。其方法是将齿轮传动中心距做成可调式的,或者将一个传动齿轮沿轴向做成双齿片消隙结构。

3)走丝机构

走丝机构的作用是使电极丝按照预定的走丝速度实现走丝运动,并将电极丝以一定的间距整齐地缠绕在储丝筒上。

如图 2.8 所示为一种快走丝线切割机床的走丝机构系统,走丝机构由储丝筒 1、走丝滑板 2、导丝架 3 及排丝传动机构 4 大部分所组成。

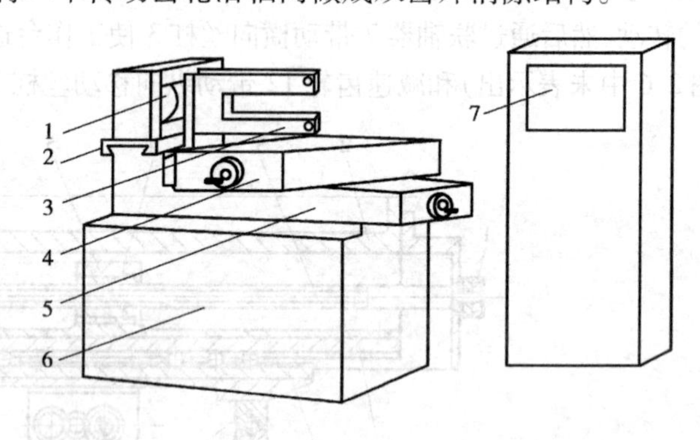

图 2.8　快走丝线切割机床的走丝系统
1—储丝筒组件;2—走丝滑板;3—导丝架;
4、5—纵、横移动滑板;6—床身;7—电源、数控控制箱

储丝筒组件的结构如图 2.9 所示,主要由储丝筒 1、储丝电机 2、联轴器 3、排丝滑板 7 及排丝传动系统 6 组成。

储丝机构的运动来源是储丝电机 2,电机的运动通过联轴器 3 传给储丝筒 1,使储丝筒作高速的储丝运丝旋转。为了使电极丝能够整齐均匀地逐层缠绕在储丝筒上,要求储丝筒相对于丝架导轮每转要移动一个电极丝直径,这一排丝运动是通过排丝传动机构来完成的。该机构由丝杠 4 和螺母 9 以及 3 对传动齿轮所组成。当储丝筒高速转动时,该运动经过齿轮和丝杠螺母的传动带动排丝滑板 7 进行轴向移动,传动比由传动齿轮的齿数决定,因此,当要更换电极丝时,要注意根据电极丝的直径来调整齿轮传动比。

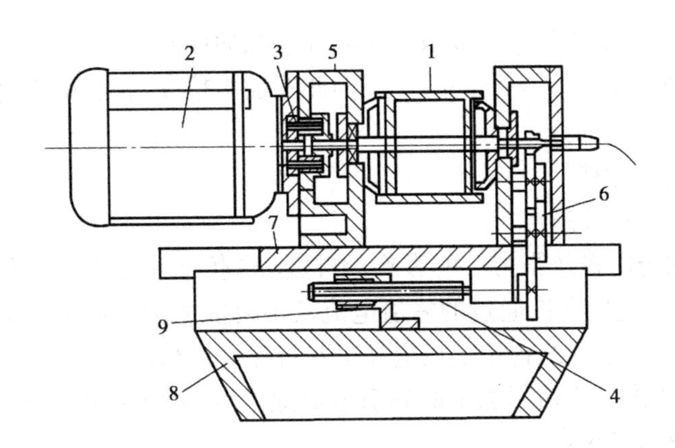

图2.9　储丝筒组件

1—储丝筒;2—储丝电机;3—联轴器;4—丝杠;5—支架;

6—排丝传动系统;7—排丝滑板;8—底座;9—螺母

在实际工作过程中,储丝筒需要频繁地制动和换向反转。按照一筒电极丝长约400 m计算,若走丝速度最快为10 m/s,大约40 s储丝筒就要换向一次。为了减少换向时间,要求每次的换向动作要尽量快,因此,要求储丝筒的转动惯量要尽量小。为此,储丝筒的直径及轴向尺寸不能太大,储丝筒壁尽量薄而均匀。储丝筒的径向跳动不大于0.01 mm,并且应该进行动平衡调整,以确保储丝筒快速准确地换向缠丝。

导丝架及导轮组件的作用是对电极丝进行适度的张紧和准确的引导,使电极丝的工作段始终与工作台平面保持所要求的几何角度,同时,还要保证电极丝的导电作用和冷却作用。

(2)工作液系统

工作液系统由工作液、工作液箱、工作液泵和循环导管组成,如图2.10所示。工作液起冷却、排屑和消电离等作用。每次脉冲放电后,工件与电极丝之间必须迅速恢复至绝缘状态,否则脉冲放电就会转变为稳定持续的电弧放电,直接影响加工质量。在加工过程中,工作液可把加工过程中产生的金属颗粒迅速地从电极之间冲走,使电火花线切割加工能够按顺序进行。工作液还可冷却受热的电极和工件,防止工件变形。

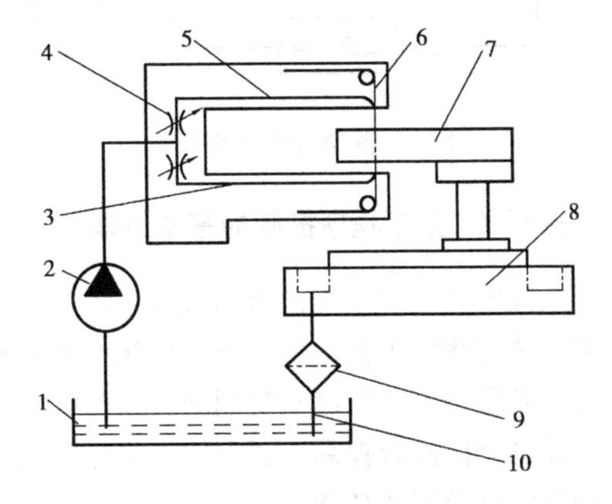

图2.10　快速走丝线切割机床的工作液系统

1—工作液箱;2—工作液泵;3—下丝臂进液管;

4—节流阀;5—上丝臂进液管;6—电极丝;

7—工件;8—工作台;9—滤清器;10—进液管

液压泵将工作液经过滤网吸入,通过主进液管分别送到上下丝臂进液管,通过调节阀来调节其供液量的大小,电加工后的废液经工作台的排液口流回到工作液箱。并经滤网过滤,长期使用过的报废工作液应集中处理,不可随意倾倒,以免污染环境。

慢走丝线切割机床由于使用去离子水作为工作液,因此,其工作液系统比较复杂,有的还配有液温控制装置。

(3)脉冲电源

电火花线切割所用的脉冲电源又称高频电源,是线切割机床的重要组成部分之一。在一定条件下,线切割机床的加工效率主要取决于脉冲电源的性能。

由于电火花线切割加工大多属于精加工,因此对加工精度、表面粗糙度和切割速度等均有较高的要求。

1)脉冲电源具有的性能

①脉冲峰值电流大小要适当

由于受机械结构与电极丝张力等的影响,电极丝的直径不能选择得太粗,一般为0.05~0.25 mm,因此,细电极丝所允许通过的峰值电流就不可能太大。而另一方面,由于线切割加工的工件具有一定的厚度,要维持稳定放电加工并且保持适当的加工速度,峰值电流又不能太小。在实际加工中,快走丝线切割加工的峰值电流通常取为10~30 A,慢走丝线切割加工的峰值电流约比快走丝的高6~10倍。

②脉冲宽度要窄且可以调节

为了满足线切割加工的要求,应能对单个脉冲能量进行有效控制。脉冲宽度越窄,放电时间越短,热传导损耗小,能量利用率越高,且不易产生烧伤现象。但为了保持合适的加工速度,脉冲宽度又不能太小。在实际生产中,快走丝线切割脉冲宽度的变化范围为0.5~64 μs,而慢走丝脉冲电源的脉冲宽度变化范围可大一些,通常为0.1~100 μs。

③脉冲频率要尽量高

频率高可以提高加工表面质量及加工速度。脉冲间隔不能过小,否则放电区域消电离不充分,易产生电弧,烧伤工件或烧断电极丝。一般脉冲频率为5~500 kHz。

④脉冲参数有较大的可调范围

电参数调整范围大,可以适应不同工件、材料及加工规范的加工需要。一般情况下,脉冲宽度的调整范围为0.5~64 μs,脉冲间隔为5~50 μs,开路电压为60~100 V,峰值电流为10~30 A。慢走丝线切割的脉冲参数调节范围远大于上述范围。

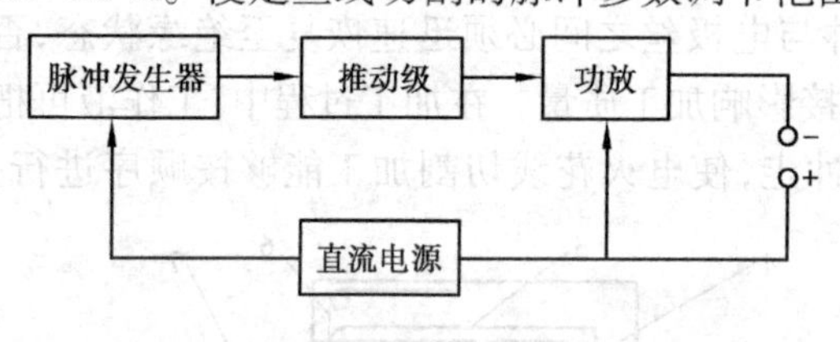

图2.11　脉冲电源的基本组成

此外,为适应线切割加工长时间连续工作的需要,脉冲电源的功率输出应稳定可靠,参数调节及维修应简捷、方便。

2)脉冲电源的基本组成

线切割脉冲电源主要由脉冲发生器、推动级、功放及直流电源4部分组成,如图2.11所示。

课程3　数字程序控制的基本原理

数控电火花线切割机床的数控系统是机床的最为重要的控制装置,它负责对机床加工的许多工艺过程和工艺参数进行自动化的调整和控制。在数控线切割机床中,数控系统最为主要的控制是切割路径严格的伺服进给控制、加工过程中的短路回退控制和自动定心控制3大自动控制,此外,数控系统还有编程路径的图形显示功能、图形缩放功能、故障自诊断功能和其他辅助设计及制造功能。

1.伺服进给控制功能

(1)工作台伺服进给运动的实现

数控线切割加工能够切割复杂的工件轮廓,是由于工件在工作台的带动下,能够相对于固定位置的电极丝走出较复杂的图形来,而工作台复杂移动的实现完全要借助于数控系统的伺服进给信号的产生和机床纵横伺服电机对这些进给运动信号的严格执行。

如图2.12所示为纵、横向滑板的伺服驱动结构原理图。数控系统及其伺服驱动系统根据加工NC程序的指令要求，分别向纵、横两个伺服电机不断地输送驱动脉冲信号，两个伺服电机则分别根据各自接收到的驱动脉冲的个数产生各自所需要的伺服进给转动，最后由滚珠丝杠螺母副将转动变换为纵向和横向的直线移动，而复杂的图形曲线轮廓就是由这些一个个的纵向和横向的微小的伺服进给运动所形成的。如图2.13所示为工作台纵横伺服运动的原理框图。

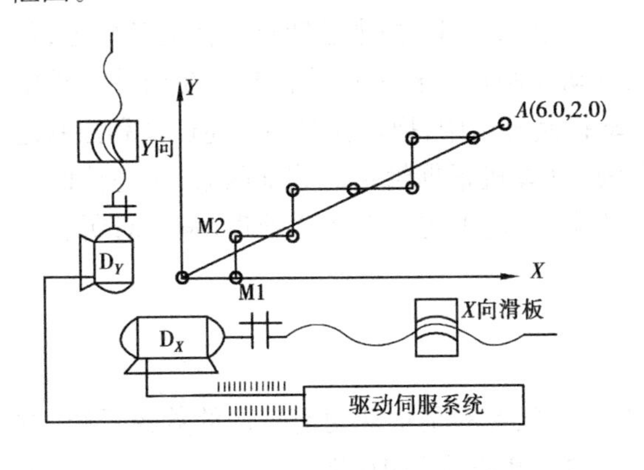

图2.12　纵、横滑板的伺服驱动结构原理

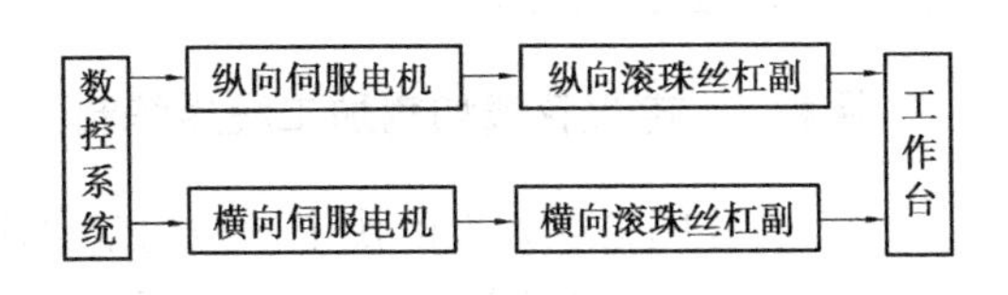

图2.13　纵横伺服进给运动

(2)步进电机与脉冲当量

由前面的数控原理可知，数控加工机床所采用的控制电动机都是步进电动机，即它们每接受一个驱动数控系统提供的驱动脉冲，就会产生一个相应的微小转动，再由丝杠螺母副转换成工作台的直线移动。

数控机床的工作台每接受一个驱动脉冲，所产生的最小移动量称为该数控机床的脉冲当量。

目前的数控电加工机床的脉冲当量可以达到每脉冲0.001 mm，甚至更小。这就意味着，机床工作台如果要沿X方向移动10 mm，X方向的步进电机则要从数控系统接受10 000个驱动脉冲并加以执行。

2.数控系统的插补控制

数控系统对曲线的插补控制过程如图2.14所示，对曲线AB的插补控制由曲线的起点A开始，在向终点B运动的过程中，数控系统对所移动的每一步都要进行快速的判断和计算。以最为简单的逐点比较法插补为例，数控系统每向前输出一个驱动脉冲，都要做以下4个步骤的工作，称为逐点比较法的4个工作节拍。

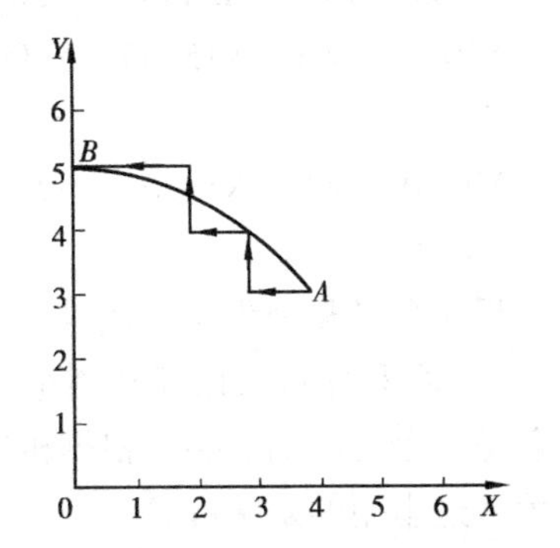

图2.14　圆弧的逐点比较插补控制

第1拍为“偏差判断”。数控系统首先要对第一个驱动脉冲的输出对象进行判断，即该脉冲应该输送给X步进电机还是给Y电机，才能使运动误差最小，这要根据由当前点A到圆弧终点B的X和Y两个方向的投影大小的比较来判定，由图2.14可知，圆弧AB的X方向投影长度要大于其Y方向投影，故系统判定，第1个驱动脉冲应该分配给X驱动电

机,该过程习惯上被称为“偏差判断”,是逐点比较法的4个工作节拍的第1拍。

第2拍为“工作进给”。根据第1拍的判断结果,X电机向$-X$方向前进一步。同时,数控系统对当前的新坐标位置进行一次累进计算,求得新点的坐标值。

第3拍为“偏差计算”。数控系统对新点的当前位置相对于曲线的理想位置(理论位置)的误差进行计算,以便对下一个驱动脉冲的分配对象进行新的判断。

第4拍为“终点判断”。数控系统每向前走一步,都要判断是否已经运动到终点,是否需要继续进行计算和前进。如果已经满足了终点条件,插补控制工作即可结束。

由此,数控系统在进行AB圆弧的插补运算和控制中,在AB两个已知点坐标的基础上,逐步求出运动中的所有其他误差最小的中间点,该移动控制过程称为插补控制。在插补过程中的计算,称为数控系统的插补运算。在计算机自动控制理论中,把计算机的上述运算和控制过程称为系统的插补过程。在数学上,把插补定义为“计算机根据给定的数学函数,在理论曲线的已知点间(若干中间点)进行数据密化处理的过程”。这里的所谓密化处理,是指对所有中间点坐标的分析与计算。

课程4 电火花线切割加工程序编制

目前,我国自主开发的快走丝线切割机床,大部分配备的是早期功能较低的数控系统,故其加工所用的工作程序多半还是采用我国自行开发的3B格式和4B格式的程序段,而国外生产的慢走丝线切割机床所配备的数控系统功能较高,其工作程序都采用ISO国际标准格式程序段。

1. ISO标准数控加工程序

(1)ISO标准的程序结构

1982年,国际标准化组织ISO正式颁布了数控加工机床所应用的NC程序的格式标准:ISO-6983-1-1982标准,即字-地址可变程序段格式。该标准对NC加工程序的格式规定如下:一个完整的NC程序由程序名、程序主体和程序结束命令3部分所组成。例如:

```
P0012                                  (程序名)
N0010  G92  X43000  Y65000  ;  ┐
N0020  G00  X5000   Y5000   ;  │
N0030  G01  X15000  Y2000   ;  │ (程序主体)
  ⋮                            │
N0110  G00  X5000   Y5000   ;  ┘
N0120  M02                  ;     (程序结束命令)
```

程序名是整个程序的代号,也是整个程序的代表,它是整个程序移动和储存的辨别依据,对一个NC程序进行储存和浏览、调用时,程序名是其在存储区内唯一的识别依据。因此,程序名是一个程序的名字。根据机床所配备的数控系统的不同,程序号地址符由不同的代号来表示。这里用的是字母P。

程序主体是整个程序的核心部分,它由若干个程序段所组成,每个程序段用来表达自动加工的一个动作,称为一个命令。一个程序段由若干个程序字所组成。一个程序段习惯上也称为一行(字)。

程序结束命令是一个程序结束的标志,为了突出表明程序的结束,方便阅读和编程,它一般要单独占用一行。当数控系统执行到程序结束指令段时，机床进给自动停止，工作液自动停止，数控系统复位，并为下一个工作循环做好准备。

(2)程序段格式

在ISO标准中，一个程序段由一个或多个程序字所组成，程序字的多少要由该命令的表达来决定。而且，这种程序段格式中，允许程序字的相互位置进行颠倒，也允许程序段的字数和长度不相同，因此，这种程序段称为字-地址可变程序段。

字-地址可变程序段由程序段号、各种程序字和程序段结束符3部分所组成。例如：

N050　G90　G01　X20000　Y50000；

其中，N050为程序段号，是该语句的标号；最后的分号"；"是段的结束符号，表明段的结束；其余的字表达了本段的主要内容，是程序段的主体。

在这种程序段中，大多数程序字具有自保持作用，或者称为字的续效功能，即程序当中的某个字一旦被指令，就始终有效，直到该字的作用被同组的其他字冲消掉为止。也就是说，如果一个程序段中的某个字已经在前一个程序段中出现过，则它在后面的程序段中就可以省略不写。因此，这种字-地址可变程序段中的好多重复字都可以省略不写，这就使程序大大得到了简化，既节省了程序的编写和储存空间，又方便了对程序的阅读理解和检查修改，故这种格式的程序可读性较强。

字-地址可变程序段的格式可参见前面的格式。

(3)程序字

程序字是程序段的组成单元，它是信息传递和存储的基本单元。

程序字由地址符和数字码所组成，不同的地址符和数字码组合代表了不同的含义，称为程序的代码。

地址符由字母A～Z来表示，其常用地址符的功能见表2.2。

表2.2　常用地址符功能表

功　能	地址符	意　义
序号	N	程序段号
准备功能	G	动作及工作方式指令
坐标字	X、Y、Z	坐标轴移动指令
	A、B、C、U、V	附加轴动作指令
	I、J、K	圆心指令
锥度参数字	W、H、S	锥度参数
进给功能	F	进给速度指令
辅助功能	M	机床开关动作及程序调用指令
补偿功能	D	间隙及电极丝补偿指令

序号：序号也称程序段号，它代表了本程序段的代号，地址符N与其后面的数码，组成了一个序号，可用于对该程序段的寻找和调用。

准备功能：准备功能也称G功能、G指令。对准备功能的定义是：令机床建立某种工作方式的功能。准备功能一般需要数控系统进行快速的运算和判断处理,作出相应的控制。各准备功能的意义见表2.3 。

表2.3　数控线切割机床常用指令代码

代码	功能	代码	功能
G00	快速点定位	G54	加工坐标系1
G01	直线插补	G55	加工坐标系2
G02	顺圆弧插补	G56	加工坐标系3
G03	逆圆弧插补	G57	加工坐标系4
G05	X镜像	G58	加工坐标系5
G06	Y镜像	G59	加工坐标系6
G07	X、Y轴交换	G80	接触感知
G08	X镜像,Y镜像	G82	半程移动
G09	X轴镜像,X、Y轴交换	G84	微弱放电找正
G10	Y轴镜像,X、Y轴交换	G90	绝对坐标
G11	X轴镜像,Y轴镜像,X、Y轴交换	G91	相对坐标
G12	清除镜像	G92	定起点
G40	消除间隙补偿	M00	程序暂停
G41	间隙左偏移补偿　D偏移量	M02	程序停止
G42	间隙右偏移补偿　D偏移量	M05	接触感知解除
G50	消除锥度	M96	主程序调用
G51	左偏锥度　A角度值	M97	返回主程序
G52	右偏锥度　A角度值	W	下导轮到工作台高度
S	工作台面至上导轮的高度	H	工作厚度

坐标字:坐标字也称尺寸字,用来指示移动目标的坐标尺寸。

辅助功能:辅助功能也称M功能,用来指示机床的一些辅助功能,主要是完成机床的某些开关动作。辅助功能通常可以不需调动数控系统来进行快速的运算。

快速点定位指令G00:快速点定位是指在线切割机床没有脉冲放电的情况下,以快速定位的控制方式迅速移动到指定的点位。G00只能够严格地定位到指定的点,而对运动时的运动轨迹却不具备有效控制的功能。

程序中的指定点被称为该程序段的目标点。

G00的程序段格式如下:

G00 X ______　　Y ______;

如图2.15所示为由起点 A 快速移动到目标点 B 的执行情况。其程序如下:

G00　X20000　Y15000 ;

这里的 X、Y 是目标点 B 的两个方向上的坐标值,其单位为μm。

需要指明的是,不同的数控系统对 G00 的具体执行路线是不同的,如图2.16所示,有些系统直接由 *A* 点移动到 *B* 点,而有些系统是首先沿 45°方向先移动到 *C* 点,然后再执行 *CB* 段的移动,还有部分旧系统是首先沿 *X* 方向移动到 *D* 点,再运动到 *B* 点。因此,在对机床 G00 运动方式不明了的情况下,编程时需要考虑移动的安全性。

直线插补指令 G01:直线插补指令 G01 进行直线移动控制。可使机床沿任意斜方向进行直线进给运动。

G01 的程序段格式如下:

G01　X　Y　U　V;

如图 2.17 所示为从起点 *A* 直线插补移动到目标 *B*,其加工程序如下:

G01　X60000　Y60000;

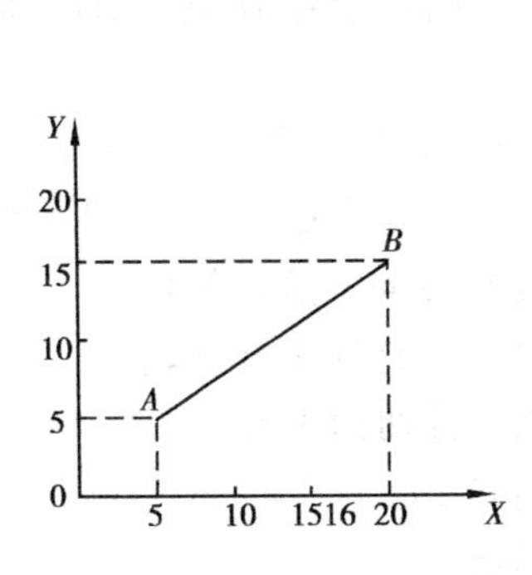

图 2.15　快速点定位图

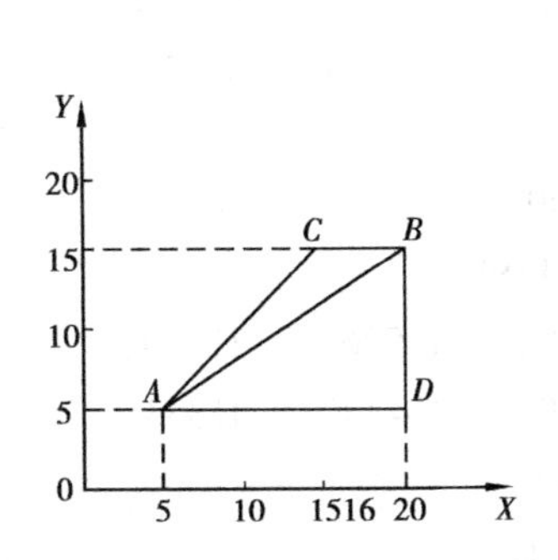

图 2.16　点定位的不同执行方法

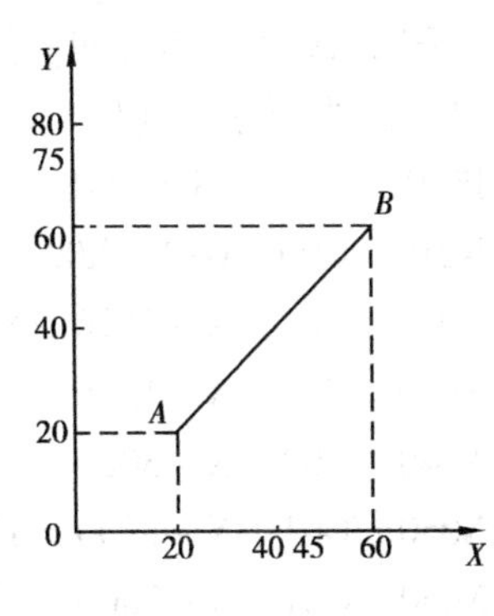

图 2.17　直线插补

圆弧插补指令 G02、G03:G02 为顺时针圆弧插补指令,G03 为逆时针圆弧插补指令。

其程序段格式如下:

G02　X ______　Y ______　I ______　J ______;

G03　X ______　Y ______　I ______　J ______;

其中,X、Y 为圆弧插补的终点坐标指令。I、J 为圆心指令,它们是圆心矢量在 *X*、*Y* 两个方向上的投影。所谓圆心矢量,是指由圆弧起点指向圆心的矢量。

当 I 的方向与 *X* 坐标方向保持同向时,取正值;反之,取负值。J 的取值正、负与 I 的方法相同。

如图 2.18 所示为由起点 *A* 加工顺时针圆弧到目标点 *B*,再从 *B* 点逆时针移动到下一个目标点 *C*。其加工程序如下:

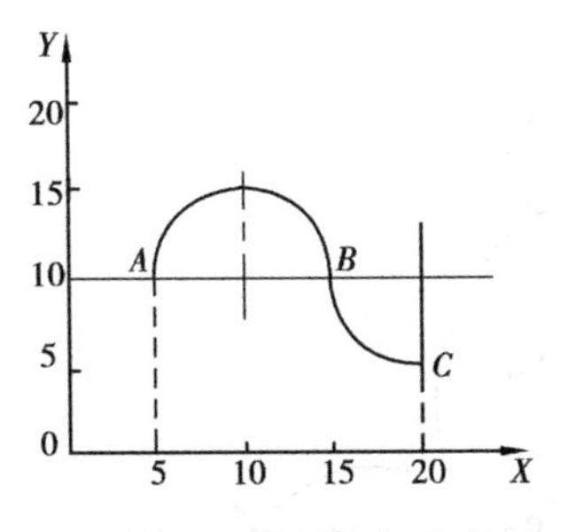

图 2.18　圆弧插补程序段

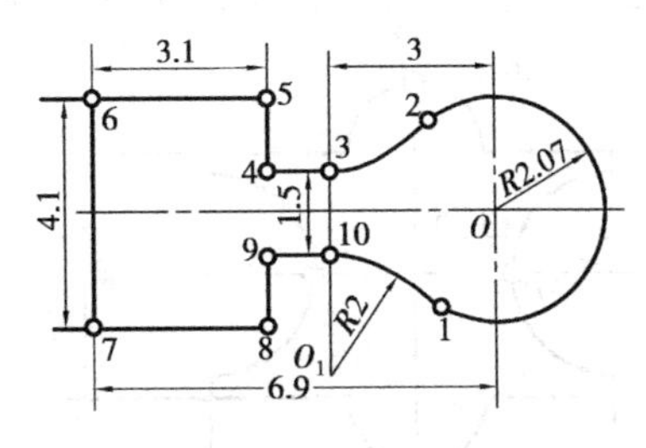

图 2.19　凹模型腔的线切割加工

G02　X15000　Y10000　I5000　J0；

G03　X20000　Y5000　I5000　J5000；

注意圆弧插补中，判断顺时针和逆时针时的视线方向遵守数控机床坐标系设置时的视线规则，即视线应迎着第三垂直坐标轴的方向看，具体说，本例视线应正对着 Z 轴方向，由上向下看工件的加工平面。

定起点指令 G92：指定电极丝当前坐标位置为起点指令。

G92 的作用是指定当前位置为工作起点。因此，一般情况下，机床必须位于要做起点的准确位置。

G92 程序段的格式如下：

G92　X ______　Y ______；

如图 2.19 所示为对凹模的内腔曲面进行线切割加工，机床当前位置在 O 点。对腔体的加工循环路线顺序为点 0、1、2、3、…、10、0。其加工程序如下：

```
P0012       08/01/18      6281       ;           (程序命名，日期和图号)
N010  G90   G92   X00   Y00          ;           (绝对值编程定义，定义起点 O)
N020  G01   X-1526   Y-1399          ;           (由 O 点向 1 点切割)
N030  G03   X-1526   Y1399    I1526    J1399;    (由 1 点逆时针切到 2 点)
N040  G02   X-3000   Y750     I-1471   J1351;    (顺时针切到 3 点)
N050  G01   X-3800   Y750            ;           (到点 4)
N060  G01   X-3800   Y2050           ;           (到点 5)
N070  G01   X-6900   Y2050           ;           (到点 6)
N080  G01   X-6900   Y-2050          ;           (点 7)
N090  G01   X-3800   Y-2050          ;           (点 8)
N100  G01   X-3800   Y-750           ;           (点 9)
N110  G01   X-3000   Y-750           ;           (点 10)
N120  G02   X-1526   Y-1399   I-1471   J-1351;   (由点 10 切到点 1)
N130  G0    X0       Y0              ;           (切到 O 点)
N140  M02                            ;           (程序结束)
```

镜像、交换加工指令 G05、G06、G07、G08、G09、G10、G11、G12：由前面的例子知道，模具零件图形许多都是对称性的，如果采用镜像指令将会使程序变得清晰和简单。

如图 2.20 所示为一种模具件，它具有典型的对称特征。

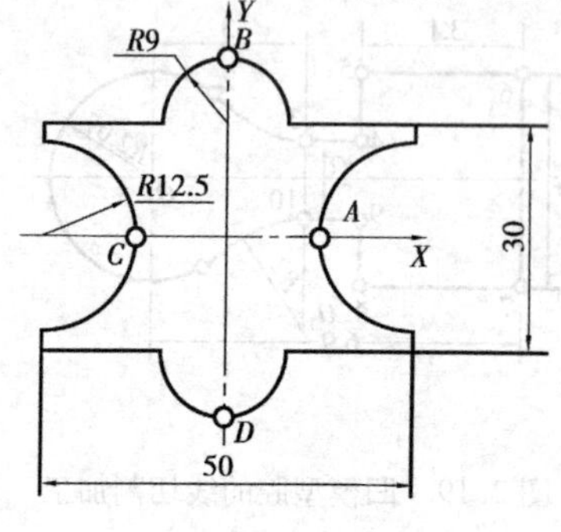

图 2.20　模具零件的对称性

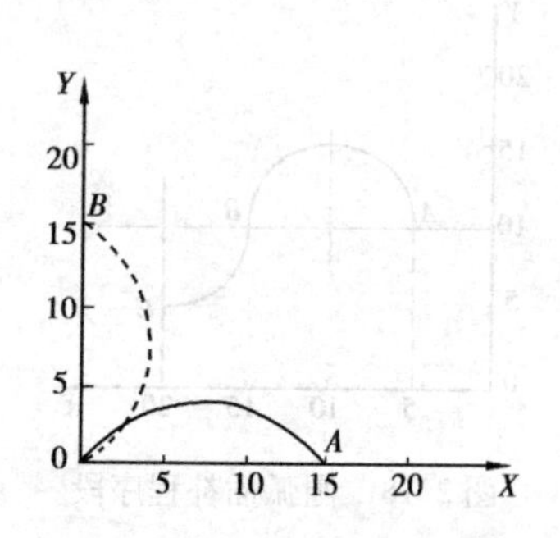

图 2.21　关于 X、Y 轴交换

G05——X 镜像。其关系式为:$X = -X$,如图2.20所示的 AB 段曲线与 BC 段曲线的关系。

G06——Y 镜像。其关系式为:$Y = -Y$,如图2.20所示的 AB 段曲线与 DA 段曲线的关系。

G07——X、Y 轴交换。其关系式为:$X = Y, Y = X$,如图2.21所示。

G08——X 镜像,Y 镜像。其关系式为:$X = -X, Y = -Y$,即 G08 = G05 + G06,如图2.20所示的 AB 段曲线与 CD 段曲线的关系。

G09——X 轴镜像。X、Y 轴交换,即 G09 = G05 + G07。

G10——Y 轴镜像。X、Y 轴交换,即 G10 = G06 + G07。

G11——X 轴镜像,Y 轴镜像。X、Y 轴交换,即 G11 = G05 + G06 + G07。

G12——消除镜像。每个程序镜像后都要加上此指令,消除镜像后程序段的含义与原程序相同。

利用上述对称和交换指令,可以很方便地生成具有对称性的图形结构,只要在原有的图形基础上加入一个对称指令即可。

间隙补偿指令 G41、G42、G40:间隙补偿指令用来对电极丝的半径和放电间隙进行偏移补偿。

在实际加工程序中,电极丝移动进给路径的编制一般是直接根据零件的加工轮廓尺寸来安排加工进给路线的,这样会使编程很方便。如果数控系统不具备间隙补偿偏移功能,为了让电极丝的中心运动在所需要加工的轮廓线的一边电极丝的半径位置处,则需要根据工件轮廓尺寸及电极丝直径和放电间隙首先计算出电极丝中心点所在的坐标位置,并进行大量的额外计算,而且,每次更换不同直径的电极丝和采用不同的电规准都要重新进行各个坐标点的计算,给编程和加工都带来很大的麻烦。采用间隙补偿功能后,电极丝的移动路线完全按照实际工件轮廓来编程,而且凸模、凹模、卸料板及固定板等成套模具零件只需按工件尺寸编制出一套加工程序,只要采用不同的补偿值,就可以满足加工的需要,大大地简化了加工程序的编制和计算。

左、右偏移补偿的方向规定如图2.22所示。

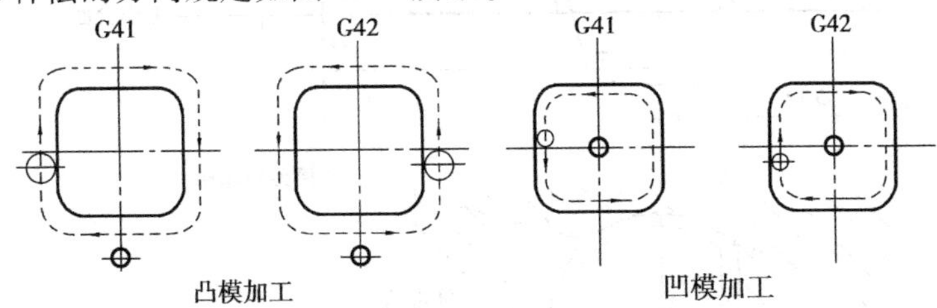

图2.22 G41和G42方向的规定

G41——左偏移补偿。即顺着电极丝前进的方向看,电极丝处在工件的左边。

G42——右偏移补偿。即顺着电极丝前进的方向看,电极丝处于工件的右边。

其程序段的格式如下:

G41 D __;

G42 D __;

G40 ;

程序段中的字D用来调用D存储库中的电极丝半径和火花间隙所需要的偏移值。

在使用完G41或G42后,要及时地使用G40将不再使用的偏移补偿值消除掉。

G52——锥度加工右偏移。沿着电极丝前进的方向看,电极丝上段在底平面加工轨迹的右边。

G50——取消锥度加工指令。

其程序段格式分别如下:

G51　A __;

G52　A __;

G50　　　;

程序段中的 A 表示电极丝倾斜的角度值。一般的四轴联动数控线切割机床切割锥度可达 ±6°/50 mm。

每次使用完 G51、G52 锥度偏移后,要及时地用 G50 取消倾斜角度 A 中存储的值。

在线切割加工中,锥度加工是通过驱动机床的 U、V 工作台(轴)来实现的。U、V 工作台通常装在上导轮部位。在进行锥度加工时,机床控制系统通过驱动 U、V 工作台,使上导轮相对 X、Y 工作台进行平移,从而带动电极丝进行所要求的移动。

锥度加工指令 G51、G52、G50 的使用情况如图 2.23 所示,在顺时针进给时,使用 G51 指令锥度左偏移进给所加工出来的工件为上大下小,而使用 G52 锥度右偏移进给加工出来的工件为上小下大;逆时针进给时,锥度左偏移 G51 加工出来的工件为上小下大,锥度右偏移 G52 加工出来的工件为上大下小。

对于 U、V 工作台装在上导轮部位的线切割机床,为了保证凹模刃口的正确方向,应将刃口基准面朝下安装(见图 2.23),以工作台面为编程基准面,凹模刃口平面紧贴着工作台面安装,电极丝在凹模孔的右侧,逆时针加工时,沿着电极丝的前进方向看,上导轮带动电极丝向右倾斜可以实现刃口的上大下小,因此,应该使用右偏移 G52 指令。

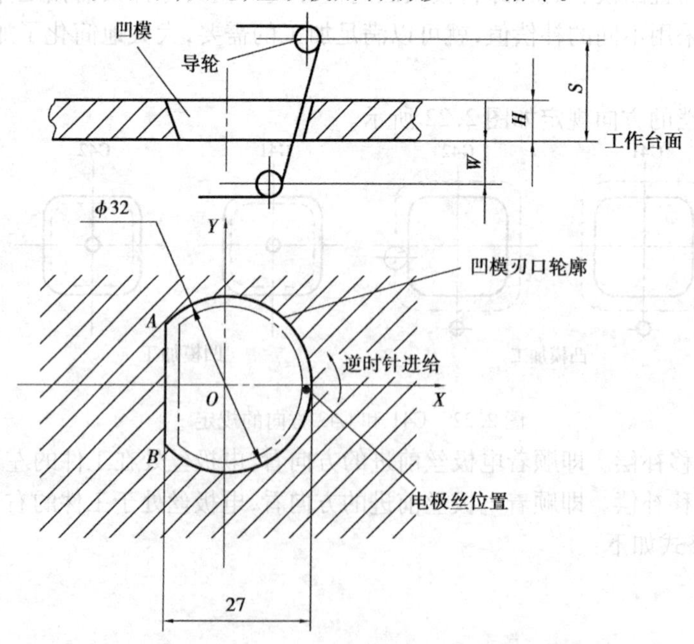

图 2.23　锥度加工与刃口方向

锥度加工中的另外 3 个重要工艺参数为 W、H 和 S,其含义如下:

W——下导轮中心到工作台面的距离，单位为 mm。

H——工件厚度，单位为 mm。

S——工作台面到上导轮中心高度，单位为 mm。

G90、G91 指令：

G90、G91 的作用为坐标性质指令。

G90 为绝对值指令，即在 G90 以后再出现的 *X*、*Y*、*Z* 坐标字，其值为绝对值，*X*、*Y*、*Z* 字的坐标值都是以当前工件坐标的原点为零点基准的，直到 G91 指令出现为止。

G91 为增量值指令，其意义为在 G91 指令以后所出现的 *X*、*Y*、*Z* 的值均为增量值，即 *X*、*Y*、*Z* 的坐标值都是在前一个程序段的基础之上的增加量。

G92 工件坐标系原点设定指令：

G92 是用来设定工件坐标系的原点位置的。其程序段格式如下：

G92　X __ Y __;

本程序段的含义是指定当前机床坐标位置是处于本 G92 指令所设定的当前工件坐标系的 X __ Y __坐标位置，而该工件坐标系的原点位置是依据当前机床位置为参考点来计算和设定的。因此，进行 G92 设定时的机床当前位置很重要，它必须处于所要设定的工件坐标系的参考点处。

G54、G55、G56、G57、G58、G59 为工件坐标系 1、2、3 ~ 6 的设定。其含义是每次出现了 G54 指令，意味着程序转入 G54 工件坐标系中，以后的坐标字 *X*、*Y* 都意味着是 G54 工件坐标系中的坐标值。

G54 ~ G59 可以为一个工件设定 6 个不同的工件坐标系。在多孔凹模加工中，利用 G54 ~ G59 来设定各个孔的加工坐标系，可以很方便地进行孔位转换，简化编程计算，缩小加工时的定位误差。

G80、G82、G84 手动操作指令：

G80——接触感知指令。

G80 指令可使电极丝从当前位置开始移动直到其接触到工件，然后自动精确停止。因此，G80 是使电极丝自动碰触工件用的指令。

G82——半程移动指令。

G82 指令使电极丝沿指定坐标轴返回本次移动距离的一半，用于工件安装过程中的快速校正和返回原点。

G84——校正电极丝指令。

G84 指令能通过微弱放电来帮助检查校正电极丝与工作台的垂直度。

系统的辅助功能：

M00——程序暂停，M00 可使程序在当前位置暂时停止不动，要继续后面的程序，需要按下“回车”键，才能执行下面的程序。

M02——程序结束，M02 是整个程序结束的指令。

M05——接触感知解除指令。

M96——子程序调用指令。

M97——子程序调用结束，返回主程序指令。

2.3B 格式程序编程

目前，在我国仍广泛使用的早期快走丝数控线切割机床，由于历史的原因，所配置的数控系统的性能较低，兼容性差，并且还在使用着3B(4B)格式的加工程序。这种程序对数控系统的要求较低，表达简单，其阅读性和存储性都较差。这里简单介绍这种3B和4B格式的程序段表达方式。

(1)3B程序的格式

3B程序的格式较简单，整个加工程序直接由一行行的程序段和最后的程序结束指令所组成。各个程序段之间由3个空格来分割。如表2.4所示为一个凹模加工的3B格式程序。最后一行的字母D为停机指令，习惯称为停机码。

表2.4 模件的线切割加工程序(3B格式)

序号	线段	分割符	X	分割符	Y	分割符	J	G	Z
1	oa	B	3000	B	5000	B	002680	Gx	L_1
2	ab	B	3000	B	5120	B	015062	Gx	NR_4
3	bc	B		B		B	005030	Gy	L_4
4	cd	B	3000	B	5120	B	015632	Gx	NR_2
5	da	B		B		B	005030	Gy	L_2
6									D

3B程序的程序段格式如下：

B X__B Y__B J__ G__ Z

整个程序段由X、Y、J、G、Z 5部分参数所组成。

1)分割符B

字母B为指令间的分割符号，它是早期的固定格式程序段中的分割符号TAB的缩写，由于其后面的X、Y、J 3个字母都是用数码来表达的，为了区分这三者的数值，故用分割符B将其间隔开。

当程序输入时，数控系统读入第1个B后面的数值表示X的坐标值，读入第2个B后面的数值表示Y的坐标值，读入第3个B后面的数值表示计算长度J的值，数值为零时可以省略不写。

2)坐标值X、Y指令

X、Y用来表达直线的终点坐标；或者圆弧的起点坐标值。

当本程序段为直线插补时，这里的X、Y是本程序段的目标点即直线终点的两个坐标值，其单位取μm。

当本程序段为圆弧插补时，这里的X、Y为圆弧的起点相对于圆心的坐标增量。X、Y都取绝对值，其单位为μm。

3)计数长度*J*

字母*J*表示计数长度，是本程序段所加工的图形在*X*轴或者*Y*轴方向上的计数脉冲长度的总和，其单位为μm。对前期低档数控系统，有规定计数长度值应补足6位，不足6位数时在最前面补0的编写要求，新配置机床的数控系统一般则没有补足6位的要求。

4)计数方向

字母G用来表达计数方向，它是用来确定前面的计数长度是在什么方向上用的。数控系统在计算和确定插补控制的终点位置时，首先要知道计数长度是在 X 方向还是在 Y 方向上，以便于对该方向的插补脉冲个数进行递减计数，进而判断是否已经到达计数的终点。

计数方向指令用 Gx 或者 Gy 来表示。在选择计数方向时，对于直线，应该尽量选择加工图形在 X、Y 两个投影方向上投影数值大的那一个为计数依据，如果选择了另一个，会造成丢步的可能；对于曲线，应该以曲线终点处的最后几个驱动脉冲的方向为选择计数方向的依据，如图 2. 24 所示，对曲线 AB 插补的计数长度应该选择 X 投影来计算。因为曲线最后的插补脉冲是在 X 轴的方向上的，故应选择 X 轴作为计数方向，如果选择了 Y 投影方向为计数方向，就会缺少两个驱动脉冲步，由此会造成插补计数误差。

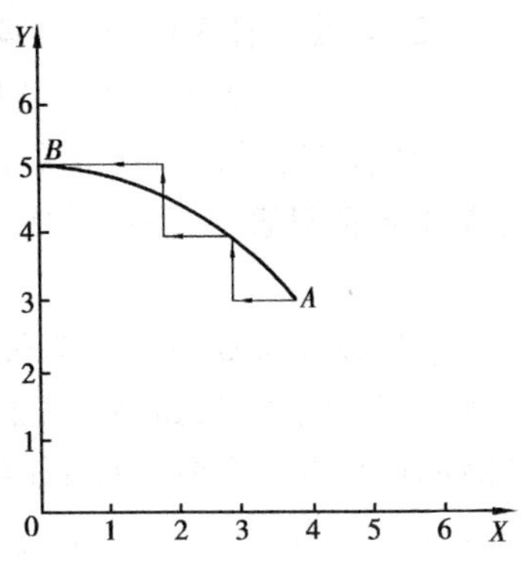

图 2. 24　计数方向的确定

5) 加工指令 Z

字母 Z 是表示线切割加工进给方向和加工象限信息的。加工方向指令 Z 分为直线加工 L 和圆弧加工 R 两大类，共 12 种指令。其具体表达方法和含义如图 2. 25 所示。

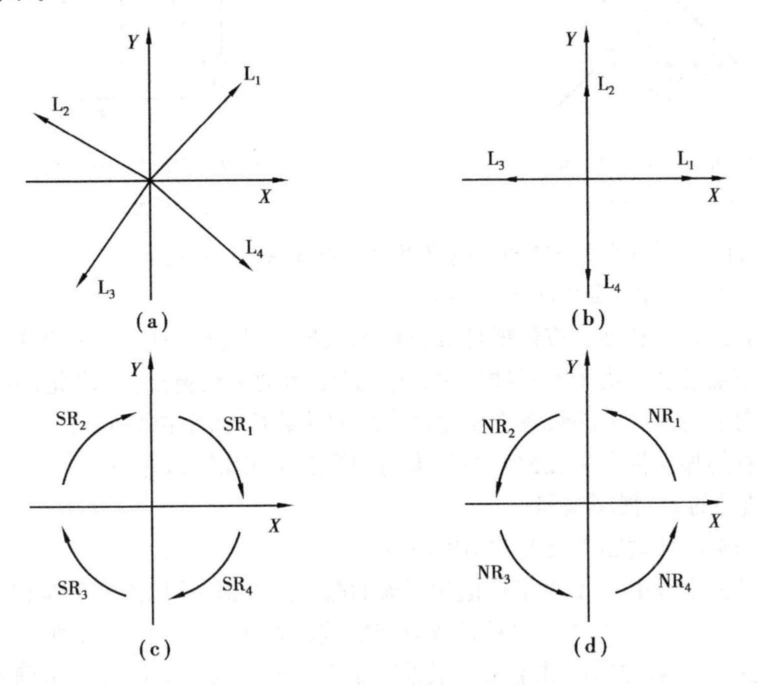

图 2. 25　加工方向指令 Z

直线插补指令 L 有 L_1、L_2、L_3、L_4 4 种，分别表示加工区域和进给运动的方向。指令 L_1 表示直线插补在坐标系的第 1 象限内进行，其进给方向为第 1 象限的正方向，即 $+X$ 和 $+Y$ 方向。L_2 表示直线插补加工是在第 2 象限内进行，其进给方向为 $-X$，$+Y$ 方向。L_3 表示直线插补加工是在第 3 象限内进行，其进给方向为 $-X$，$-Y$ 方向。L_4 表示直线插补加工是在第 4 象限内进行，其进给方向为 $+X$，$-Y$ 方向。

圆弧插补指令 R 有顺时针圆弧进给 SR_1、SR_2、SR_3、SR_4 和逆时针进给 NR_1、NR_2、NR_3、NR_4

共8种。脚标代表起点所在象限。若起点正好在坐标轴上,脚标数可按圆弧起点的走向来确定。

(2)直线插补3B程序的编程规则

①把直线的起点作为直线插补坐标原点。

②X、Y坐标值为插补直线的终点坐标值,并均采取绝对值编程,其单位为μm。由于这里的X、Y比值只表示直线的斜度,故可用一个公约数将X、Y值缩小整数倍,但后面的J值不能缩小。

③计数方向Gx、Gy的选取原则,直线插补计数方向可以按图2.26来确定。以直线的起点为坐标系的原点,如果直线的终点坐标(X,Y)位置是落在如图2.26所示的45°阴影区域内,此时的计数方向应该取Gy;如果直线的终点落在阴影区域之外,说明插补运动在X方向比较长,应以Gx为计数方向。若终点正好落在45°线上,可以任意选择Gx和Gy。

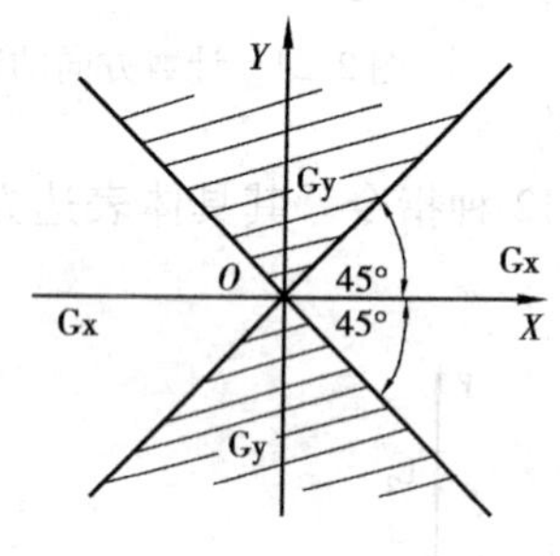

图2.26　直线插补时的计数方向的确定

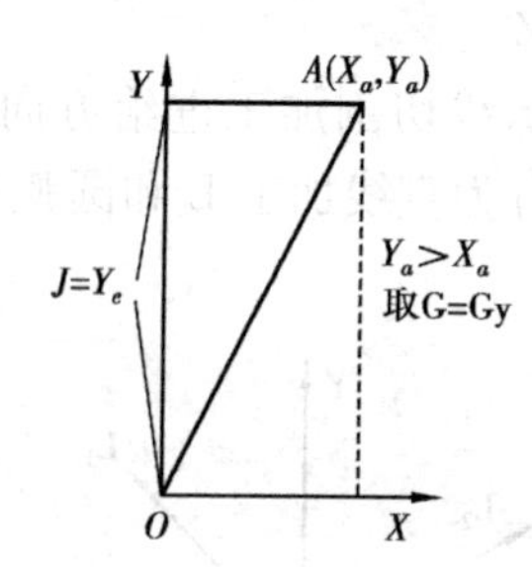

图2.27　直线的计数方向和计数长度确定

以图2.27的直线插补为例,OA直线的终点坐标为$A(X_a,Y_a)$,由于$Y_a>X_a$,故A点将落在45°的阴影区域内,应以Gy作为直线插补的计数方向。

④直线插补的计数长度J应依据计数方向Gx或Gy取该插补直线在计数方向投影轴上的计数脉冲长度的总和。由于直线插补过程中,进给运动不会再反向,因此,可直接取直线在X或Y两个方向上的投影中的长者来作为该直线的计数长度,单位为μm。

⑤直线插补的加工指令Z按照直线的走向和终点所在象限来选取。

(3)圆弧插补的3B程序编程

①把圆弧的圆心作为圆弧插补的坐标原点。

②圆弧插补程序段中的X、Y坐标值为圆弧的起点坐标值,并取绝对值编程,单位为μm。

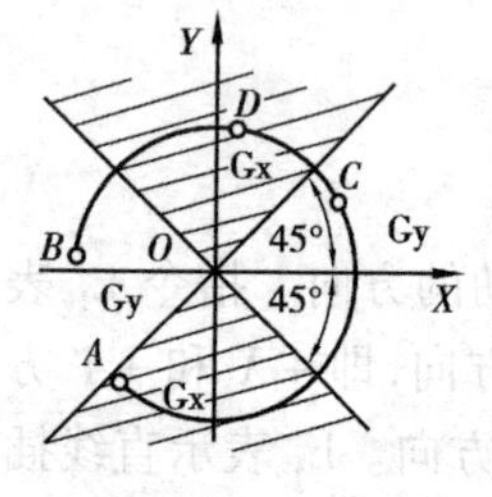

图2.28　圆弧插补时的计数方向的参考

③圆弧插补计数方向的选择取决于终点位置,加工圆弧时,圆弧计数方向的选定需要根据圆弧终点处的加工进给方向来确定。如图2.28所示,圆弧AB的终点B靠近X轴,则在B点处,圆弧趋向于平行Y轴,最后一个步进脉冲应分配给Y轴方向Gy才不会发生丢步。同理,如果圆弧的终点取在C点,则最后一个驱动脉冲应分配给Y轴方向才不会发生丢步,而如果D点为圆弧终点,则由于其位置较靠近Y轴,故最后一个驱动脉冲应分配给X方向,由此可得,圆弧插补时的计数方向判断原则:当圆弧终点落在图中45°的阴影范围内时,其计数方向应该取Gx;当圆弧终点落在45°阴影范围之外时,计数方向应取Gy,如图2.28所示。

以图 2.29 为例,圆弧 AB 的插补计数方向确定如下:由于圆弧终点 B 落在第 1 象限的 45°阴影区域内,其位置靠近 Y 坐标轴,即 $Y_b > X_b$,故其计数方向应取 Gx。

④圆弧插补的计数长度 J 按照前面确定的计数方向,Gx 或 Gy 方向取其投影长度的累加值,其单位为 μm。

在计数方向确定后,计数长度 J 应取计数方向上由圆弧起点 A 到圆弧终点 B 所移动的总距离,即各象限的圆弧在计数方向坐标轴上的投影长度的总和。例如,如图 2.30 所示的圆弧 AB,跨越了两个象限,进给驱动系统在 X 轴方向上除了要提供第 4 象限内 J_{X_1} 长度的驱动脉冲外,还要提供 J_{X_2} 长度的脉冲,其计数长度应该是这两段长度的总和即 $J = J_{X_1} + J_{X_2}$。因此,对于同时跨了多个象限的图形,计数长度 J 应该是各个象限内的插补路径投影长度的总和。如图 2.30 的跨越 4 个象限的圆弧插补,其计数总长度是 4 段投影长度的和,即 $J = J_{Y_1} + J_{Y_2} + J_{Y_3}$。

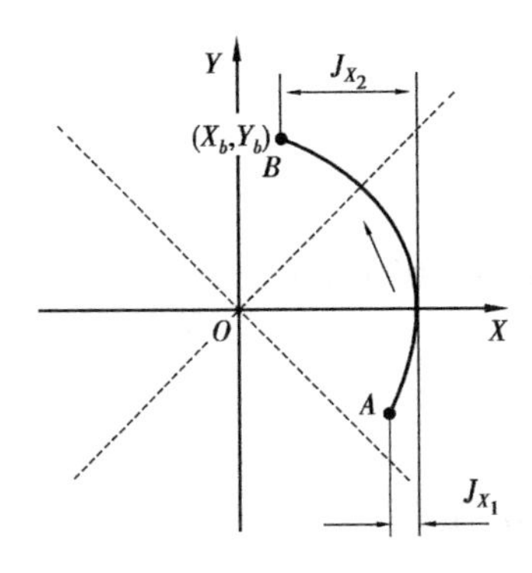

图 2.29　圆弧插补的 3B 程序计数方向的确定

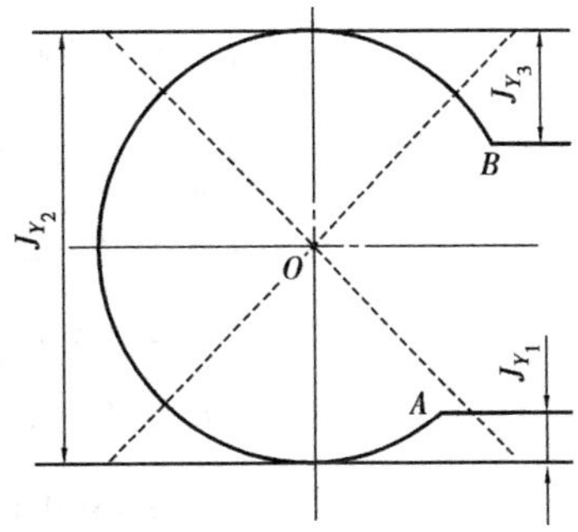

图 2.30　3 象限圆弧的计数长度 J

(4)3B 程序编程实例

例 2.1　线切割加工如图 2.31 所示圆弧 AB,加工起点为 $A(0.707,0.707)$,终点为 $B(-0.707,0.707)$,试编制程序。

解　本例为圆弧加工,X、Y 应表达圆弧终点坐标值的绝对值,本圆弧终点 B 坐标值为$(-0.707,0.707)$,故 X、Y 程序字应为:707,707。

本例的计数方向由 B 点坐落位置决定,由于 B 点正好落在 45°线上,故计数方向可取 Gx,也可以取 Gy。为方便下一步的计算,这里直接取 Gx。

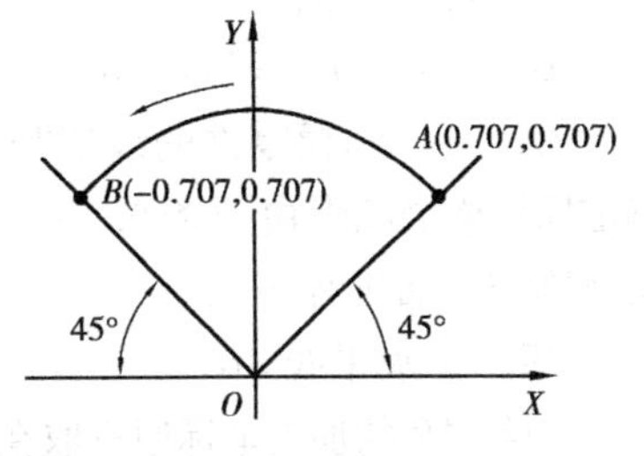

图 2.31　1 象限、2 象限圆弧插补

计数长度 J 值为:707 + 707 = 1 414 μm。

加工方法 Z:圆弧插补由起点 $A(0.707,0.707)$ 开始,由第 1 象限逆时针向第 2 象限进给,因此,加工方向代码取 NR_1。

其圆弧 AB 的加工程序为:

B707　B707　B001414　Gx　NR_1

由于本例的终点恰好落在 45°线上,故也可取计数方向为 Gy,这时的计数长度要取圆弧 AB 的 Y 方向投影值 585 μm。

其加工程序为:

B707　B707　B000586　Gy　NR_1

例 2.2　如图 2.32 所示为一个跨 3 象限的圆弧插补加工,起点 A,终点为 B,试编制加工

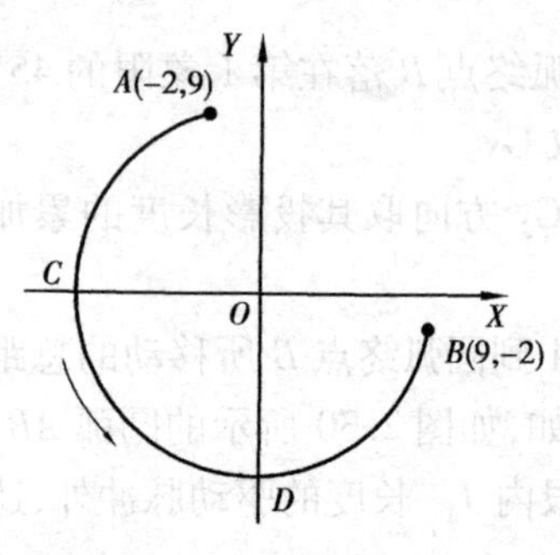

图 2.32　跨 3 象限的圆弧插补

程序。

解　①圆弧插补,其起点 A 的坐标为(−2,9),故 X、Y 两程序字为:2 000,9 000。

②计数方向:首先计算圆弧半径以确定 C、D 点坐标。

圆弧半径:$R=\sqrt{2\,000^2+9\,000^2}\ \mu m$
$=9\,220\ \mu m$

C 点坐标为(−9.22,0);D 点坐标为(0,−9.22)。

整个圆弧在 X 轴方向上投影长度较长,故取 Gy 为计数投影方向。

③计数长度 J:

$$J_{y_{ac}}=9\,000\ \mu m$$

$$J_{y_{cd}}=9\,220\ \mu m$$

$$J_{y_{db}}=R-2\,000=9\,200\ \mu m-2\,000\ \mu m=7\,200\ \mu m$$

则

$$J_y=J_{y_{ac}}+J_{y_{cd}}+J_{y_{db}}=(9\,000+9\,220+7\,220)\ \mu m=25\,440\ \mu m$$

④加工方向 Z:为第 2 象限逆时针圆弧插补 NR_2。

⑤其加工程序为:

B　2000　B　9000　B　025440　Gy　NR_2

例 2.3　凸模零件的线切割。如图 2.33 所示为需要加工的凸模图形,整个图形由一条水平线、两条斜线和一条圆弧组成,可分4段编制 3B 加工程序。

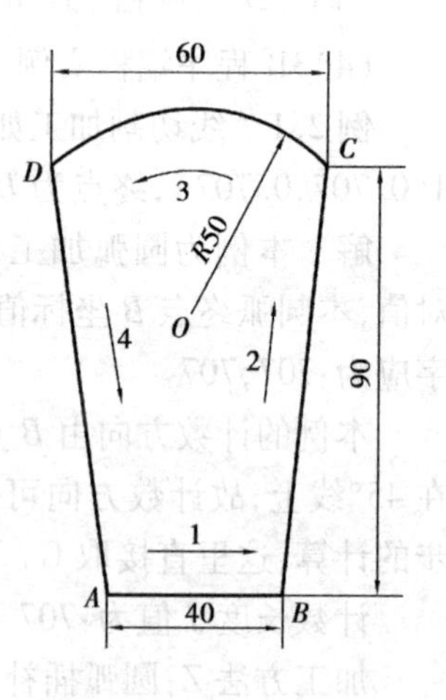

图 2.33　凸模零件图样

解　①水平线 AB

直线 AB 的加工坐标原点取在 A 点,AB 与 X 轴重合,其 Y 投影值为零,根据直线插补的程序简化原则,X、Y 两坐标字均可省略不写。其计数投影方向为 Gx 方向,计数长度为 40 000 μm,加工方法为 L_1。

其程序为:

B　B　B　040000　Gx　L_1

②斜线 BC

斜直线 BC 的加工坐标原点取在 B 点,终点 C 的坐标值经计算为(10 000,90 000),由于直线插补中 X、Y 值可以按照同一比例缩小,故 X、Y 程序字取作 1 和 9。计数方向为 Gy,计数长度为90 000,加工方法为 L_1。

其程序为:

B　1　B　9　B　090000　Gy　L_1

③圆弧 CD

圆弧 CD 的加工坐标原点取在圆心 O 点，这时圆弧起点 C 的坐标为(30 000,40 000)，计数方向取 Gx，计数长度为 60 000，加工方法为第 1 象限逆时针 NR_1。

其程序为：

B　30000　B　40000　B　060000　Gx　NR_1

④斜线 DA

斜线加工的坐标原点应取在 D 点，终点 A 的坐标为(10 000，−90 000)，计数方向为 Gy，加工方法为 L_4。

其程序为：

B　1　B　9　B　090000　Gy　L_4

3.4B 格式的程序编制

在前面的3B 格式的程序中，没有考虑到电极丝的直径和放电间隙对加工尺寸的影响，在 3B 格式程序的编制过程中，若要兼顾电极丝和放电间隙对加工轮廓精度的影响，需要另外计算出电极丝相对于工件轮廓的偏移补偿值，并重新计算加工路径上，各个偏移点的坐标位置，如图 2.34 所示，这将给编程带来很大的计算工作量。

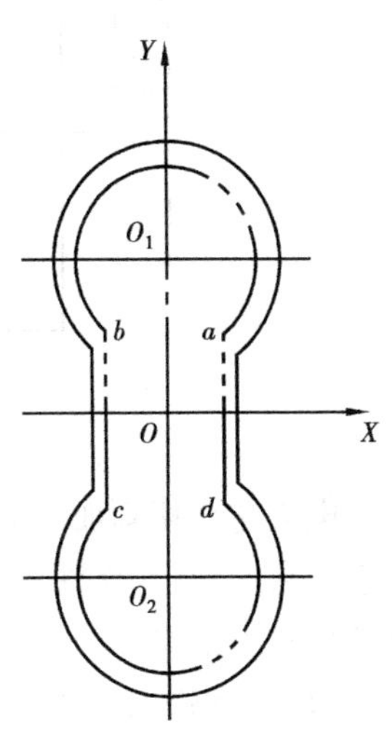

图 2.34　凹模切割电极丝的内偏移

为了减少数控线切割加工编程的工作量，目前已广泛采用带有间隙自动补偿功能的数控系统。这种数控系统的运算和控制功能要比旧系统强大得多，它通过 4B 格式的加工程序，能在编程路径的基础上，使电极丝相对于编程图样自动地向工件轮廓的外或内偏移一个提前设定的补偿值，利用这一功能，省去了大量的偏移坐标计算，另外也妥善解决了不同直径的电极丝的应用更换和不同放电间隙对加工精度的影响。对于同一套模具上的凹模、凸模和固定板、卸料板等零件，只要编制一个进给路径移动程序，便可通过修改间隙修正量的大小和偏移方向，就能够加工同一形腔的外轮廓和内轮廓，不仅减少了编程的工作量，而且能保证几个模板的曲线精度。

4B 程序段格式如表 2.5 所示。

表 2.5　4B 程序段的格式

分割	X 坐标	分割	Y 坐标	分割	计数长度	分割	圆弧半径	计数方向	凹凸曲线	加工指令
B	X	B	Y	B	J	B	R	G	D 或 DD	Z

由表 2.5 可知，4B 格式程序段比 3B 格式多了两个参数字：一个是圆弧半径的参数字，用来表达所要加工的圆弧半径，另一个是用来反映模具轮廓的凹凸方向的 D 或 DD 参数。D 表示加工曲线为凸面曲线，DD 则表示加工曲线为凹面曲线。

4B 程序加工时，由电极半径和放电间隙等所决定的偏移补偿值 ΔR 值不是出现在程序中，而是单独地送进数控装置的，这样可使加工中的补偿值的选择具有了更大的灵活性，并随时根据电极丝的情况和放电间隙的大小而进行灵活的调整。

加工凸模和凹模的选择是由机床控制台面板上的凸、凹选择开关的位置来确定的，在程序中也不予编入。一般把半径增大称为正补偿，半径减小称为负补偿。因此，在加工凸模时，凸曲线作正补偿,凹曲线作负补偿;加工凹模则相反。数控装置接受补偿信息后,根据凸、凹模开关的位置和 ΔR 值,就能自动地判断出应作正补偿还是作负补偿偏移。这就给加工时的参数调整提供了很大的灵活性,充分发挥了复杂曲线的利用率,节省了大量的计算和编程的时间。

课程 5　电火花线切割加工模具的工艺特点

1. 电火花线切割加工的工艺过程

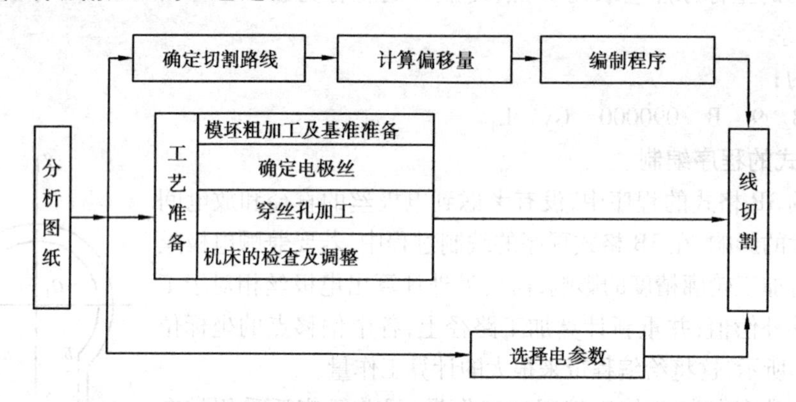

图 2.35　电火花线切割加工的工艺过程

电火花线切割加工的一般工艺过程如图 2.35 所示。在线切割加工之前要进行工艺分析、工艺参数的确定、模件毛坯的粗加工、线切割加工基准的加工、穿丝孔的加工、线切割程序的编制和检验等工序。

(1)模坯件的准备

模坯件的准备工序是指凸模或凹模在电火花线切割加工前要进行的毛坯材料选择、毛坯成形、各种粗加工和预备热处理等精加工前的准备工序。

①坯件材料选择及其热处理。快走丝线切割机床在使用乳化液的情况下,切割铜、铝、淬火钢等普通材料,加工过程一般较稳定,切割速度也快。而若切割不锈钢、磁钢、硬质合金等难切削材料时,加工过程就不太稳定,切割速度也较慢。通常 Cr12、Cr12MoV、CrWMn 是比较常用的模具材料。

②模具工作零件一般采用锻造毛坯,而其线切割加工又常在淬火与回火等热处理后进行,在较大面积地切除金属以及对零件进行切断加工时,往往会由于材料内部相对平衡的残余应力分布状态遭到失衡破坏而导致零件发生变形,破坏加工精度,严重时甚至会在切割加工过程中材料突然开裂,因此,复杂形腔模具在进行线切割加工之前的去应力热处理是非常重要的。

(2)模件的工艺过程

模件的工艺过程及其与线切割的衔接准备工序如下:

①下料。用锯床或切割机根据长度切割所需材料。

②锻造。改善材料的内部组织,并锻成模具所需要的形状。

③热处理。退火处理达 HBS≤229,以消除锻造内应力,改善加工性能。

④铣六面。对模具外形轮廓进行粗铣加工,留磨余量 0.4~0.6 mm。

⑤平面磨削。磨出上下平面及相邻两侧面,创建定位基准。

⑥划线。划线确定型腔及刃口轮廓线位置,并对不重要的螺孔等进行粗加工。

⑦工具铣床或数控铣床粗加工形孔。为减少线切割加工工作量，将形孔多余材料铣除，进行穿丝孔定位精加工，为线切割工序做工艺准备。

⑧热处理。淬火，回火 60～64HRC。

⑨平磨。磨削顶面、底面及侧面基准面。

⑩电火花线切割型腔轮廓。

最后钳工修整各表面、精研磨。

(3)工件的装夹与校正

工件的装夹除了要保证其相对于机床工作台和纵、横导轨要严格平行外，还要注意电极丝的切割行程范围和模件的夹具、垫铁与切割行程的相互干涉问题。

一般的装夹方式包括以下4种：

1)悬臂式装夹

如图2.36所示为悬臂式装夹工件，这种方式装夹较方便，装夹结构简单，通用性强。但工件悬伸装夹，稳定性差，易出现较大的垂直度误差。此装夹方式仅用于悬臂较短的小型工件和加工要求不高的情况下。

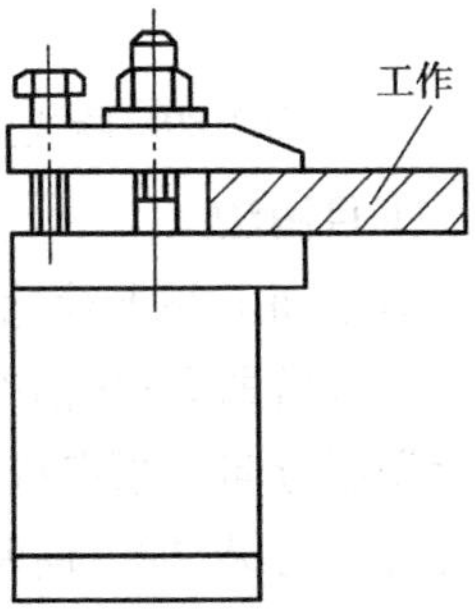

图2.36　悬臂式装夹

2)两端支撑式装夹

如图2.37所示为两端支撑方式装夹工件，这种方式装夹方便、稳定，定位精度高，可以用来装夹较大的模具件。

3)桥式支撑式装夹

如图2.38所示，这种方式是在通用夹具上放置作为桥板的垫铁后再装夹工件，结构较简单，装夹方便，应用较灵活。

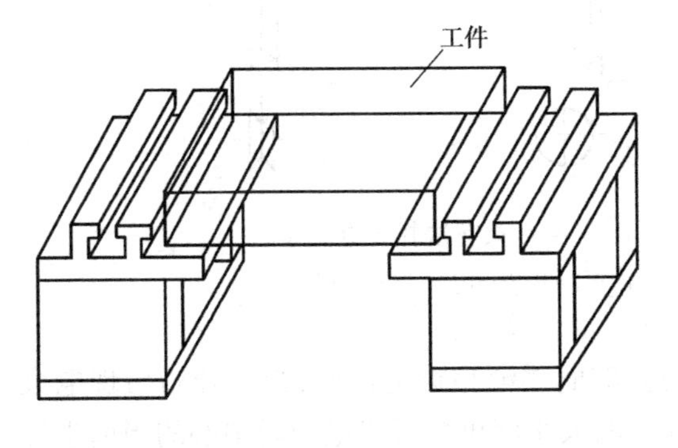

图2.37　两端支撑式装夹

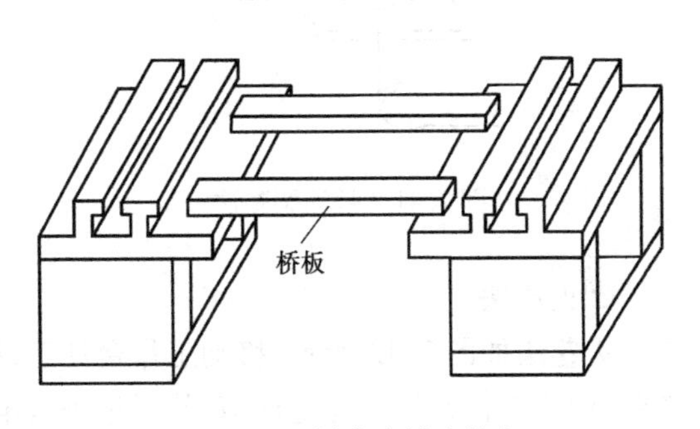

图2.38　桥式支撑式装夹

4)板式支撑方式装夹

如图2.39所示是板式支撑方式装夹工件。它是根据组合夹具原理中的基础板件结构原理制作的，这种结构方便于工件的定位和夹紧，定位精度高，装夹工件方便，在专业化模具生产中采用较多。

如图2.40所示为一种复合式支撑方式。它是在支撑桥板上再附加上专用的夹具，对批量生产的模具件进行快速的装夹。这种结构多应用在模具的批量生产中，其精度和效率较高。

(4)电极丝的位置校正

在电火花线切割加工中，电极丝相对于工件相对位置的准确性是非常重要的，因为电极丝的定位位置就是加工程序的起始位置，故整个切割图形相对于模具件的位置正确性完全取决于电极丝的严格定位。正式加工之前，必须对电极丝进行严格定位。

电极丝位置的常用调整方法有以下3种：

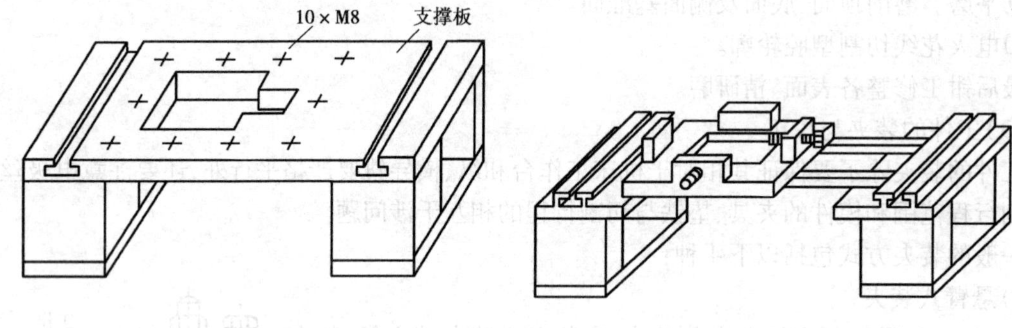

图2.39 板式支撑方式装夹　　图2.40 复式支撑方式

①目测法

对于加工要求较低的工件，在确定电极丝与工件上有关基准间的相对位置时，可以直接利用目测或借助2~8倍的放大镜来进行观察。图2.41是利用穿丝孔处划出的十字基准线，分别沿划线方向观察电极丝与基准线的相对位置。根据两者的偏离情况移动工作台，当电极丝中心分别与纵、横方向基准线重合时，工作台纵、横方向上的读数则确定电极丝中心的位置。

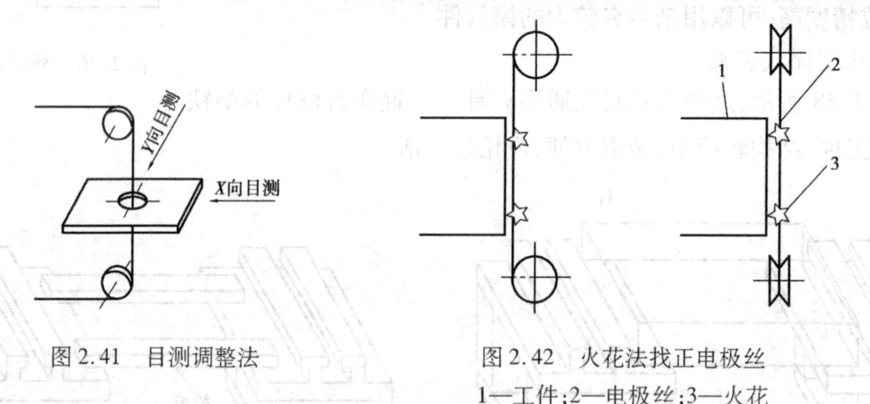

图2.41 目测调整法　　图2.42 火花法找正电极丝
1—工件；2—电极丝；3—火花

②火花法

火花法如图2.42所示，移动工作台使工件的基准面逐渐靠近电极丝，当刚开始出现电火花时，记下工作台的相应坐标值，然后根据放电间隙的大小就可推算出电极丝中心的当前坐标值。此法通过电极丝与工件间的火花产生来推算电极丝的坐标位置，会因电极丝靠近基准面时产生的放电间隙，与正常加工切割条件下的放电间隙不完全相同而产生定位误差。

③自动找中心

自动找中心法是让电极丝在工件内孔的中心位置自动进行定位。此法是根据线电极与工件间发生的短路信号，来确定电极丝的当前位置，并由此自动求出孔的中心位置，习惯上也称为短路法。

首先关掉机床的脉冲电源，然后利用数控系统的半程移动指令G82，让线电极在X轴方向上慢速移动并与孔壁接触，系统发出了短路信号后自动返回到孔中心位置，接着在另一轴的方向进行上述过程，这样一个双向移动过程后，可使电极丝自动定位到两次移动的中心位置。这样经过一两次重复即可大致找到孔的中心位置，如图 2.43 所示。重复上述过程数次，当定心误差达到所要求的允许值之后，自动找中心即可结束。具有 G82 功能的数控系统的线切割机床常用这种方法来进行电极丝定位。

应该注意的是，在采用火花法校正时，应该把工件孔壁清洁干净，以防止由于孔壁的水、油碎屑、毛刺及灰尘等杂物引起搭桥短路，产生火花位置的误差。另外，在用短路法时，一定注意关掉脉冲电源，以防烧坏工件内孔。

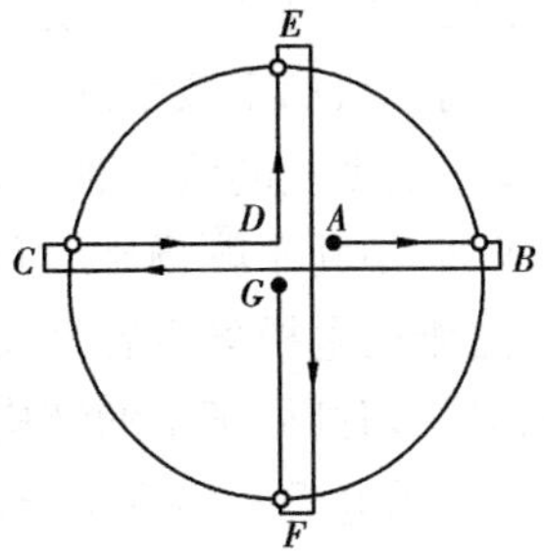

图 2.43　用 G82 自动校正电极丝位置

2. 电火花线切割工艺参数

(1)电脉冲参数的选择

目前，电火花线切割加工一般都采用晶体管高频脉冲电源，所采用的电脉冲能量小、脉宽窄、频率高，并采用正极性加工。在线切割加工中，可改变的电脉冲参数主要有电流峰值、脉冲宽度、脉冲间隔、空载电压和放电电流大小。当要求获得较精细的表面粗糙度时，所选用的电参数要小；若要求获得较高的切割速度，脉冲参数要选大一些，但加工电流的增大受排屑条件及电极丝截面积的限制，过大的电流易引起断丝。

电参数对加工蚀除效率、切缝宽度、加工表面粗糙度、电极丝损耗等指标都有直接的影响。由于线切割加工的放电表面积较小，故其单脉冲放电能量较小。

一般来说，峰值电流和脉冲宽度对加工影响较大。峰值电流越大，切割能量越大，切割速度越快，而加工表面的质量则越差，电极损耗也大；脉冲宽度越大，则切割速度越快。脉冲间隔越小，频率就越高，平均电流会增大，有利于提高切割速度，但脉冲间隔不能太小，太小不利于消电离和工作液的绝缘恢复，有产生电弧放电的危险。一旦产生电弧，会烧伤工件，甚至发生断丝现象。一般线切割的脉冲间隔选择为 10 ~ 25 μs，而脉冲宽度可取 1 ~ 60 μs，脉冲频率为10 ~ 100 kHz。

(2)电极丝的选择

电极丝应具有良好的导电性和抗电蚀性，抗拉强度高、材质应均匀。常用电极丝有钼丝、钨丝、黄铜丝、纯铜丝等不同的材质。

在快走丝线切割机床上，电极丝是反复使用的，故要求电极丝要经久耐用，加工损耗小，电加工性能好。因此，通常采用钼丝、钨丝和钨钼丝，其直径规格一般为 ϕ0.10 ~ ϕ0.18 mm。切细、窄缝隙件时，有时也采用 ϕ0.06 mm 的钼丝。这些电极丝的特点是抗拉强度高，耐腐蚀，电加工性能稳定，加工质量高，但其性质较脆，不耐弯曲，易于脆断，其最主要的缺点是价格昂贵。

慢走丝线切割机床由于走丝速度低，电极丝的加工损耗较大，一般不重复使用，用过一次则废弃不再使用。因此，慢走丝线切割一般不采用钼丝和钨丝，而是使用价格较低廉的铜丝、黄铜丝和纯铜丝，其直径规格一般为 ϕ0.10 ~ ϕ0.30 mm。只有在切割很细的缝隙时，才采用直径为 ϕ0.03 ~ ϕ0.05 mm 的细钼丝。

黄铜丝的特点是加工表面质量和直线度精度较高，蚀屑附着少。但其抗拉强度差，损耗大，但比钨丝价格便宜很多。

电极丝直径的选择应根据切缝宽窄、工件厚度和拐角尺寸大小来灵活选择。若加工带尖角、窄缝的小型模具宜选用较细的电极丝；若加工大厚度工件或大电流切割时应选较粗的电极丝。一般来说，电极丝的直径越粗，其许用工作电流则越大，电加工的切割速度也越快，同时，切割的切缝也就越宽,拐角圆角也越大。但线径过大会造成蚀除表面积过大,不利于切割速度的提高。从加工效率的角度来看,只要加工缝隙大小允许,一般都优先考虑采用较粗的常规电极丝。电极丝的线径越小,许用电流越小,会大大影响线切割速度,也不利于窄缝中工作液的通畅性,不利于顺畅排屑和快速消电离,会破坏电加工的平稳性,进而破坏加工表面质量。另外,过细的电极丝也容易发生断丝现象。不过,细电极丝的加工表面质量较高,切割缝隙也较窄,易于切割很细微的结构。

常用电极丝的应用选择如表 2.6 所示。

表 2.6　常用电极丝的选择

电极丝材质	线径/mm	应用特点
纯铜丝	0.10 ~ 0.25	切割速度低,精度高,抗拉强度低,易损耗和断丝,适用于慢走丝
黄铜丝	0.10 ~ 0.30	蚀屑附着少,表面质量和加工精度较高,适用于较高切割速度加工
专用黄铜丝	0.05 ~ 0.35	加工精度和表面质量高,切割速度高,价格较高
钼丝	0.06 ~ 0.25	抗拉强度高,加工稳定性好,广泛应用于快速走丝
钨丝	0.03 ~ 0.10	强度高,价格昂贵,只用于窄缝的微细结构加工

(3)工作液的选配

工作液对切割速度、表面粗糙度、加工精度等都有较大影响,加工时必须正确选配。

1)工作液的主要作用

工作液在电火花线切割加工中承担了及时电离引火花,形成放电通道、及时消电离恢复绝缘状态、及时排走电加工蚀除物废屑和及时冷却 4 大作用。工作液是形成正常放电间隙的基本条件,在电极丝与工件之间若没有连续不断的工作液则无法正常工作。因此,及时地提供充足的合格工作液对线切割加工是十分重要的。

2)工作液的种类

常用工作液一般分为水溶液、乳化液和油液 3 大类。

常用水溶液有蒸馏水、去离子水甚至普通自来水。水溶液的最大特点是冷却性能非常好,尤其适合于切割厚度较大的零件加工。但另一方面,由于电极丝在水溶液中的急热急冷变化,易产生淬硬现象,丝会变硬变脆,容易发生断丝。另外,水溶液的黏性和吸附性差,对放电通道中的电蚀物碎屑的洗涤性和吸附性较差,排屑效果差,工作区的积炭严重,不易于切割速度的提高,不易于保证高质量的加工工件表面。

在水溶液里加入一定量的洗涤剂和皂片类,可以明显改善水溶液的洗涤效果,有利于排屑,也有利于提高切割效率。

油液的黏度高,其介电强度远高于水溶液,故放电通道中的油液对电能量的消耗较大,导致电加工的蚀除效率和电能效率下降,切割速度降低,同样电规准参数下的爆炸力较小,放电间隙和通道截面都要小,更会导致排屑困难,切割速度下降。但油类工作液对电极丝的急冷效应小,润滑性能好,故电极丝的损耗小,不容易断丝。

乳化液的性能介于水溶液和油液之间,其介电强度比水高,但比油低,而冷却效果比水差,比油好。洗涤性比水和油都好。

3)工作液的应用

早期的慢走丝线切割机床由于采用RC电源,多采用油类工作液,主要是煤油,或者在煤油中再加入30%的变压器油。这种工作液适用的切割速度为2~3 mm^2/min,应用范围较窄。

目前,慢速走丝线切割加工普遍使用去离子水。为了提高切割速度,在加工时还要加进光亮剂、防腐剂和爆炸剂,以改善工作液的性能。

快走丝线切割加工机床中,目前最常用的是乳化液。乳化液是由乳化油和工作介质配制而成的。工作介质可用自来水,也可用蒸馏水、高纯度水和磁化水。

当工作液中的电蚀除杂质含量较多时,容易造成二次放电,破坏电加工的稳定性。如果杂质含量过高,工作液的消电离作用会明显下降,绝缘程度变差,容易引起电弧。因此,若发现工作液杂质太多,应及时进行更换。

3. 电极丝的线切割路线

所谓电极丝的线切割路线,是指在线切割加工过程中,工件在工作台的带动下,相对于电极丝的进给运动路线。

电火花线切割加工中,电极丝切割路线的正确制订是十分重要的。在加工过程中,电极丝进给路线的正确性将直接影响到工件的形状误差和加工变形。

由于线切割加工的工件大多数是经过了淬火热处理的,工件材料内部残存着大量的复杂分布的内应力,在这种不稳定的状态下对零件进行局部切割加工,会破坏材料内部内应力分布的暂时平衡,造成线切割后的材料发生严重的变形,如图2.44所示。其中,图2.44(a)表示经切割下来的芯部材料由于左右两面的拉应力分布不平衡而导致材料的弯曲变形,图2.44(b)和图2.44(c)表示当电极丝沿着材料外部引入切割时,在一个侧面形成了横向切口,破坏了工件材料内部纵向纤维的完整性时,由于单侧拉应力的消失而造成切口一侧发生张口变形的情况。

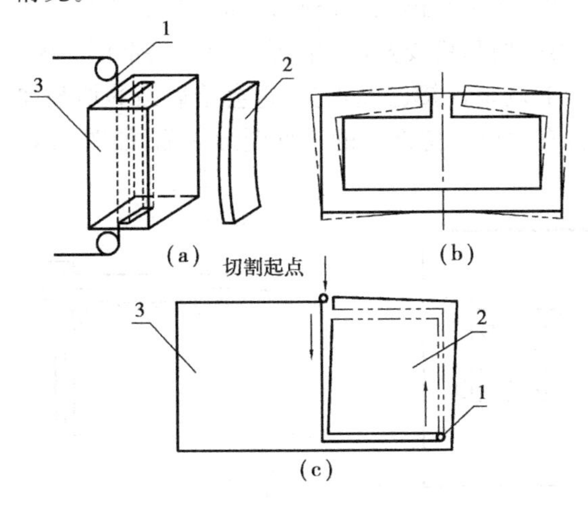

图2.44 内应力的释放引起线切割加工变形

1—电极丝;2—工件;3—模坯

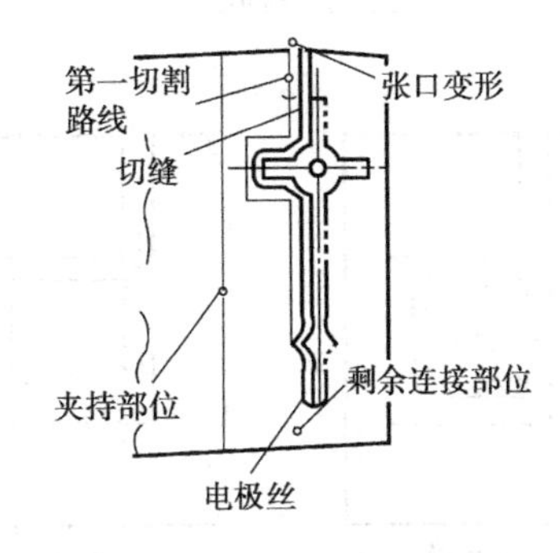

图2.45 不正确的切割路线安排

这种情况在工件采用淬透性较差的低档次碳素工具钢材料时尤其严重。由于碳素工具钢的淬透性较差,淬硬层较浅,淬硬表面的拉应力比材料芯部要大得多,内应力分布不均衡的倾向大,则所造成的加工变形大。为了尽量减少这种变形,模具制造中多采用专门的模具钢(如Cr12、CrWMn、Cr12MoV等合金工具钢),这些材料的淬透性较好,材料内部的淬火应力分布不均衡倾向小,发生的切割变形小。

因此,正确的进给路线安排可以减小线切割加工中产生的上述变形。

如图 2.45 所示,当电极丝的第一切割路线安排在工件的夹持部与工件之间时,由于切割的张口变形发生在工件与夹持部位之间,造成了工件后面的加工图形路线已经随着变形产生了向右的位移,造成后面切割加工的误差。

如图 2.46 所示的切割路线则可避免这种误差的产生,其第一切割路线安排在工件和夹持部位的右边,所产生的张口变形发生在后切割图形区域之外,因此,应力释放所引起的变形并不会影响后面的切割加工,其加工误差相对前一方案要小些。

最好的方案如图 2.47 所示,在距离模坯边缘 5 ~ 10 mm 处的地方钻穿丝孔,然后对图形进行内封闭图形的切割。由于工件的强化层外缘没有被割断,工件不会发生应力失稳变形,因此,内部的图形切割过程会很平稳,变形极小。

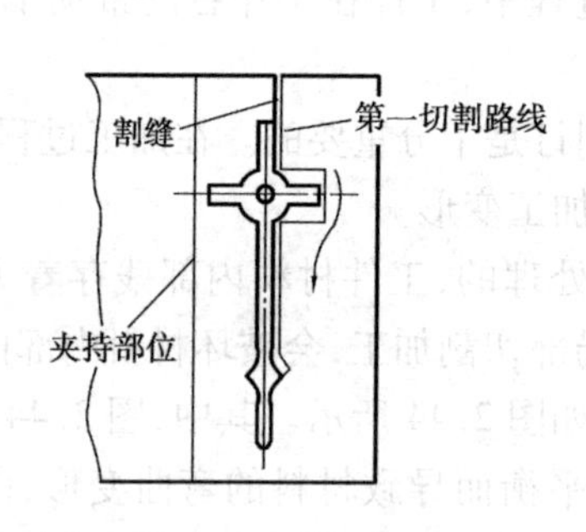

图 2.46　正确的切割路线

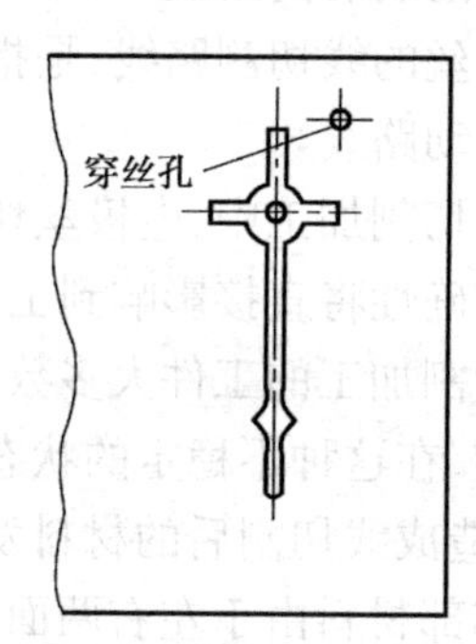

图 2.47　内部打穿丝孔加工

以上是从应力释放所引起的变形角度来分析切割路线的正确性。从夹持稳定的角度来要求切割路线,也应该掌握上述原则,即要把第一切割路线安排在远离夹持部位的工件图形一侧,这样有利于对未切割部分的稳固夹持。如果第一切割路线安排在图形靠近夹持部位一侧,由图 2.45 可知,工件未被切下的部分与夹持部间的剩余连接已经很少,这会给后面的切割加工带来很大的震动,因此,第一切割路线必须安排在远离夹持部位的工件图形一侧,如图 2.48 所示。

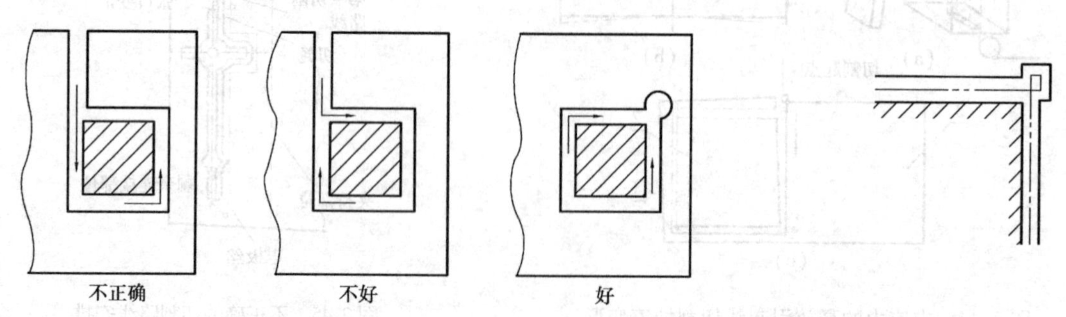

图 2.48　切割路线的比较

图 2.49　尖角处的清角路线

由于集肤效应的影响,在切割图形的尖角处往往由于电火花较集中,会造成尖角的塌角现象。当需要对图形的拐角保持尖角时,应该按照如图 2.49 所示的保持清角进给路线来安排切割。

将电极丝从对刀后的基准位置引入到工件切割图形轮廓所需要移动的路线称为引入路线。而加工完毕后,还需要一个引出路线,将电极丝从加工轨迹引回到原来的基准位置即出发点上,这段引入和引出路线所采用的程序也称引入程序和引出程序。

为了减小加工表面的接刀痕,引入和引出要求遵循切向原则,即尽量沿加工图形的切线方向引进工件轮廓,沿着切线方向退出工件轮廓。

此外,加工路线还应安排因空走丝以及必要的停机、拆丝、装丝等工作程序而必需的停顿。

子情境2　电机转子冲片凹模的线切割加工操作

1. 凹模加工工艺分析

如图2.50所示为某微电机转子冲片的凹模。凹模外形尺寸为$\phi 180$ mm × 18 mm,型孔有28个槽,凸、凹模间的配合间隙为0.04 ~ 0.07 mm(双边),模具材料为Cr12MoV,硬度为58 ~ 62HRC。

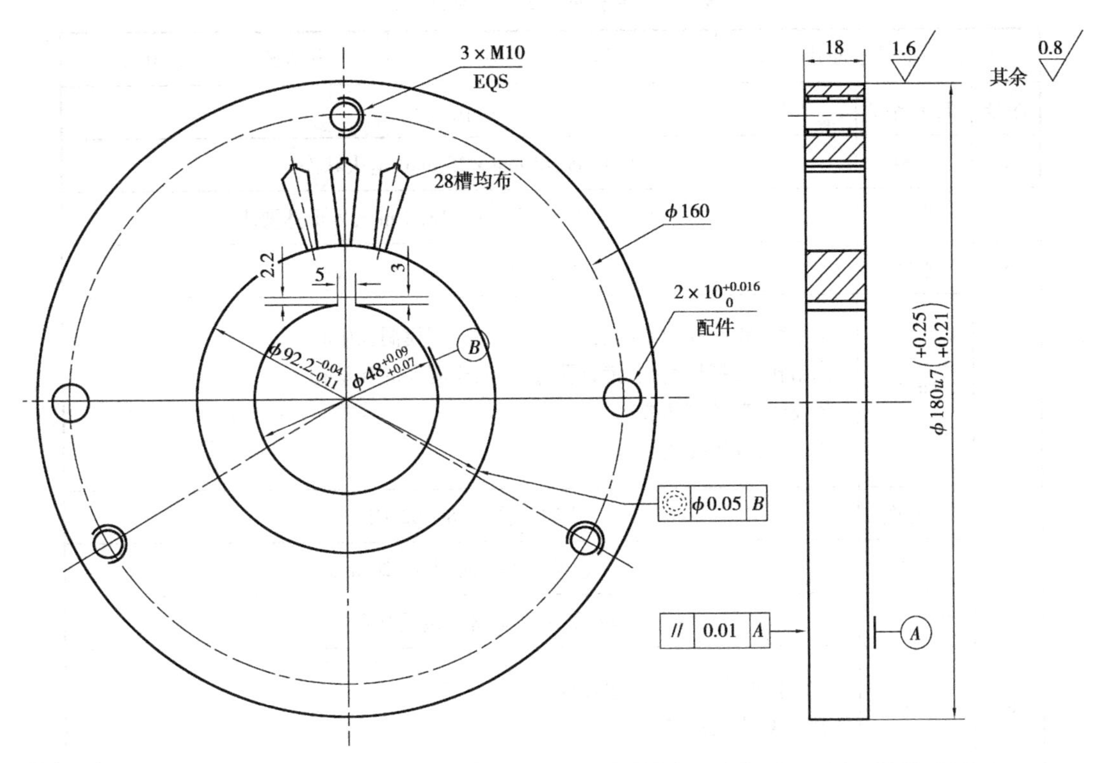

技术要求

1.热处理58~62 HRC;

2.各凹模孔与相应凸模配留0.04~0.07 mm间隙;

3.槽形等分误差不超过1′ 30″ 。

图2.50　转子冲片凹模

该模具零件的28个形状相同的型孔制作精度要求较高,除了各型孔的形状和尺寸精度要求较高外,各孔之间还有较高的位置精度要求,凹模结构复杂,且硬度高,加工困难,故考虑采用线切割加工。

2. 凹模制造工艺

如图 2.51 所示，转子冲片凹模的制造工艺如表 2.7 所示。

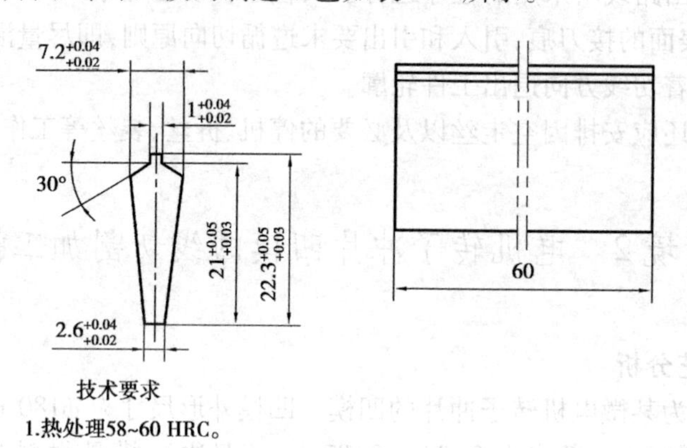

图 2.51　转子冲片凸模

表 2.7　转子冲片凹模的制造工艺

零件名称:转子冲片凹模		材料:Cr12MoV	热处理:58 ~ 62 HRC
序号	工序名称	工序内容	
1	备料	锻件 ϕ190 mm×25 mm(退火状态)	
2	粗车	车削尺寸为 ϕ180 mm×18.8 mm,外形达要求	
3	平磨	磨光两大平面,厚 18.3 mm	
4	钳工	①划线:螺纹孔中心线、销钉孔中心线、凹模洞孔中心线 ②钻孔:钻螺纹底孔、销钉孔底孔、凹模洞孔的穿丝孔 ③攻丝:攻螺纹达要求 ④铰孔:铰销孔达要求	
5	热处理	淬火:硬度 58 ~ 62 HRC	
6	平磨	磨光两大平面,厚度 20 mm	
7	线切割	割凹模轮廓,单边留研磨余量 0.01 ~ 0.02 mm	
8	钳工	①研磨凹模内壁侧面达要求 ②钳修,进入总装	

3. 电机转子冲片凹模线切割加工操作

1)工件的装夹与校正。工件装夹既要保证工件相对于机床工作台和纵、横导轨严格平行外,还要注意电极丝的切割行程范围和模件的夹具、垫铁与切割行程的相互干涉问题,根据工件的要求选取两端支撑装夹。这种方式装夹方便、稳定,定位精度高,可以用来装夹较大的模具件。

装夹的注意事项如下：

①台面不带电。

②基准清洁无毛刺。

③装夹位置正确。

④夹紧力适中均匀。

2）穿丝：

①拉动电极丝头，按照要求依次绕接各导轮、导电块、穿丝孔至储丝筒。在操作中，要注意手的力度，防止电极丝打折。

②穿丝开始时，首先要保证储丝筒上的电极丝与辅助导轮、张紧导轮、主导轮在同一个平面上，否则在运丝过程中，储丝筒上的电极丝会重叠，从而导致断丝。

③穿丝中要注意控制左右行程挡块，使储丝筒左右往返换向时，储丝筒左右两端留有3～5 mm的余量。

3）钼丝的张紧。钼丝张紧分为自动张紧和手动张紧。快走丝常利用张紧轮进行钼丝的张紧。张紧力要适当，若电极丝的张力过小，一方面电极丝抖动厉害，会造成频繁短路，以致加工不稳定，加工精度不高；但是过分将张力增大，不但切割速度不高，而且容易断丝。

4）电极丝垂直找正。利用找正块进行火花法找正，如图2.52所示。

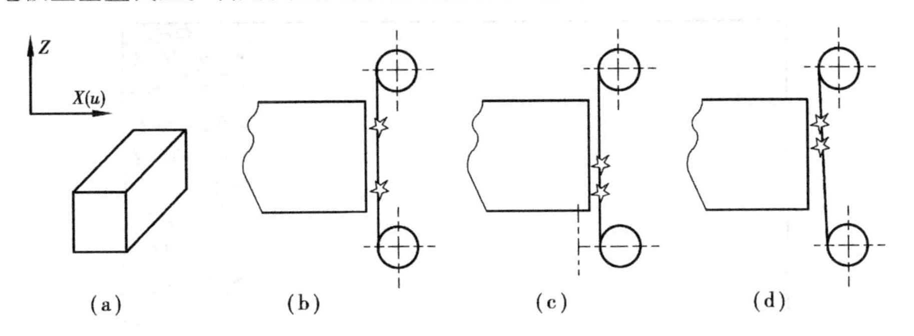

图2.52　火花法找正

(a)找正块　(b)垂直度较好　(c)垂直度较差(左倾)　(d)垂直度较差(右倾)

电极丝垂直找正的注意事项如下：

①找正块使用一次后，其表面会留下细小的放电痕迹。下次找正时，要重新换位置，不可用有放电痕迹的位置碰火花校正电极丝的垂直度。

②在校正电极丝垂直度之前，电极丝应张紧，张力与加工中使用的张力相同。

③在用火花法校正电极丝垂直度时，电极丝要运转，以免电极丝断丝。

④确定加工路线及选择切入点。

5）打开电源，解除报警。

6）进入HF自动编程系统界面，如图2.53所示（主界面）。

7）记住主界面的序列号，后4位倒过来的顺序即为后面进入编辑参数的口令。

8）点击“全绘编程”选项，进入如图2.54所示的“全绘编程”界面。

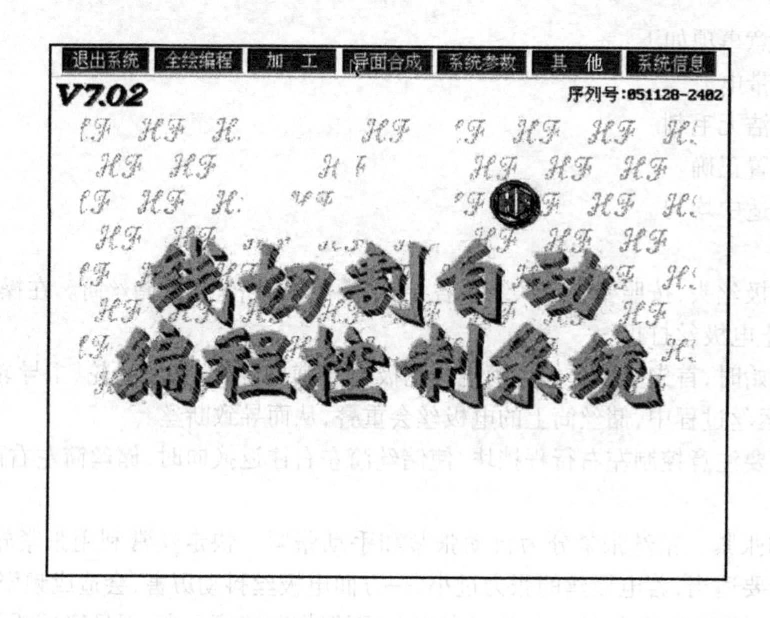

图 2.53 自动编程系统界面(主界面)

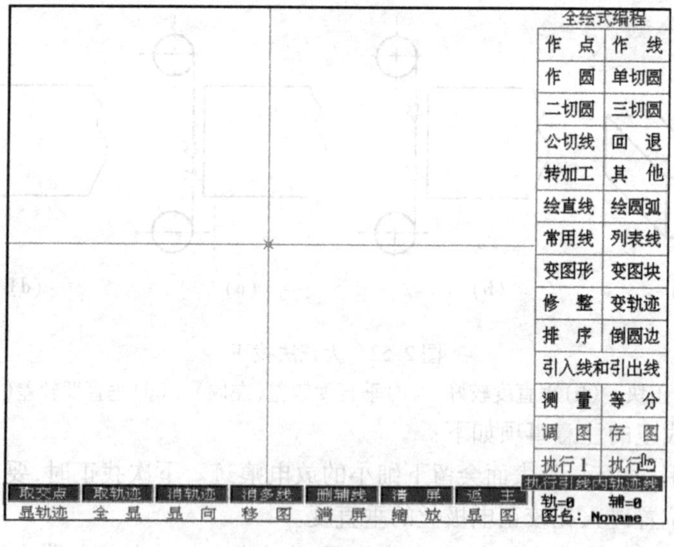

全绘式编程
作 点 作 线
作 圆 单切圆
二切圆 三切圆
公切线 回 退
转加工 其 他
绘直线 绘圆弧
常用线 列表线
变图形 变图块
修 整 变轨迹
排 序 倒圆边
引入线和引出线
测 量 等 分
调 图 存 图
执行1 执行2
执行引线内轨迹线
取交点 取轨迹 消轨迹 消多线 删辅线 清 屏 返 主
显轨迹 全 显 显 向 移 图 满 屏 缩 放 显 图
轨=0 辅=0
图名: Noname

图 2.54 “全绘编程”界面

9)利用辅助线、绘直线及作圆等命令绘制其中一个槽形,如图 2.55 所示。

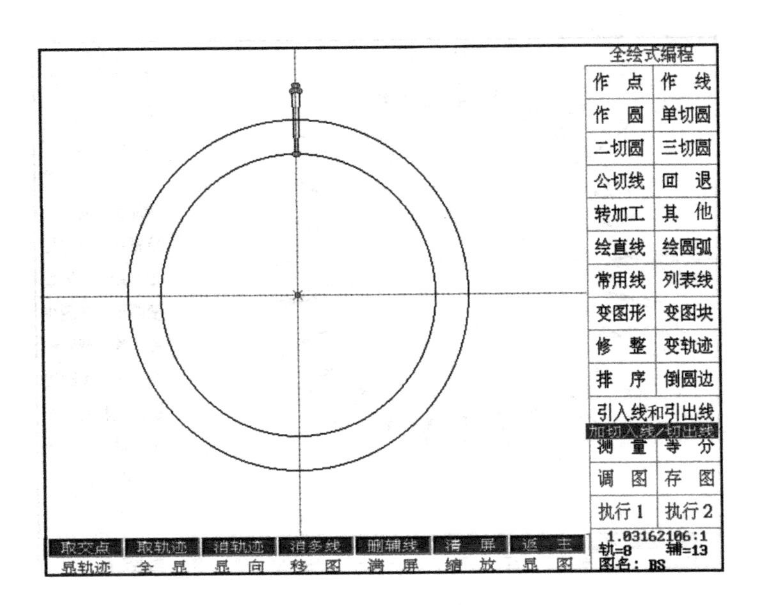

图2.55　凹模一个槽形图

10)用“引入和引出线”命令,作引线(端点法),如图2.56所示。

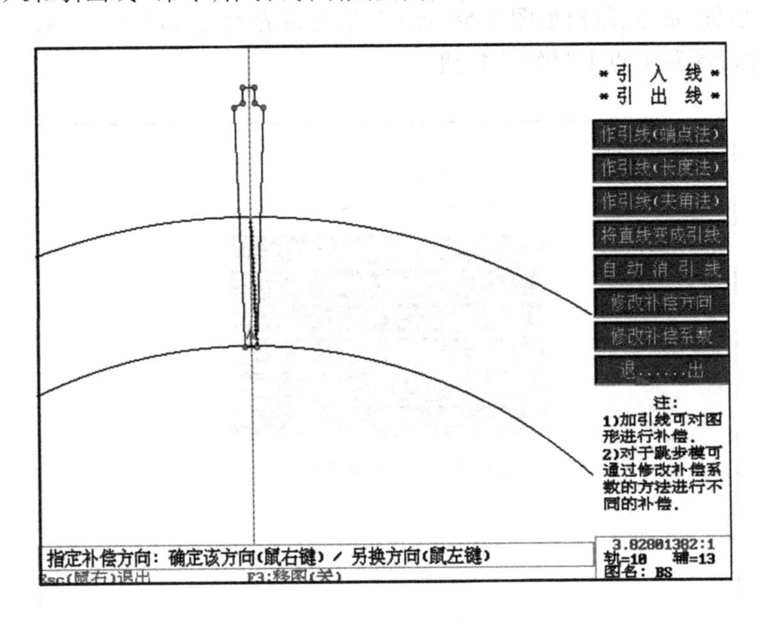

图2.56　带引入和引出线的槽形图

11)利用鼠标确定补偿方向,如图2.56所示。

12)点击“全绘编程”界面中的“变图块”中的“旋转”功能,把绘好的图形均布旋转27次,得到完整的切割槽图形,如图2.57所示。

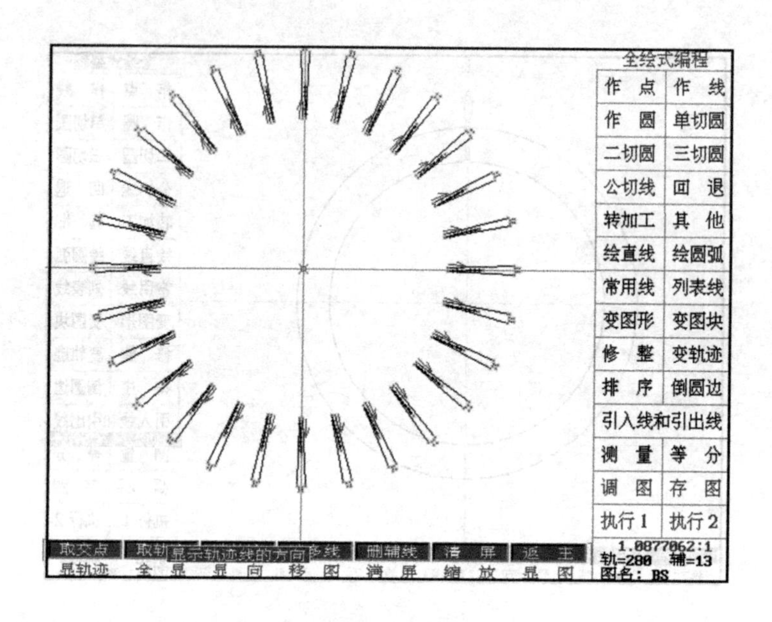

图 2.57　完整的凹模切割槽图形

13）点击“执行 1”命令，设定补偿量 $f=0.095$，按回车键，跳出预后置处理界面。

14）点击“后置”命令，跳出如图 2.58 所示后置处理界面，点击“切割次数”选项，设置切割次数为 1 次，过切量为 0，点击“确定”按钮。

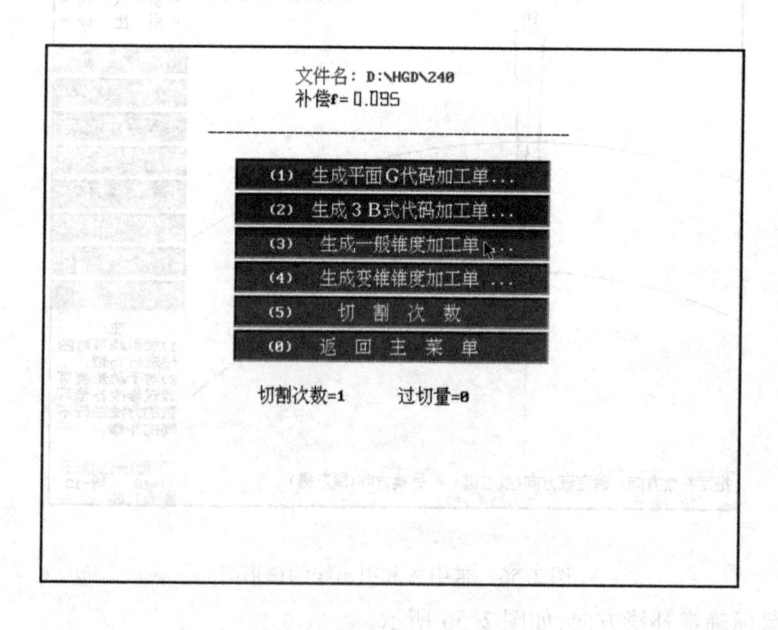

图 2.58　后置处理界面

15）点击“生成平面 G 代码加工单”或“生成平面 3B 代码加工单”选项，进入如图 2.59 所示的 G 代码处理界面。

16）点击“G 代码加工单存盘”或“3B 代码加工单存盘”选项，给定存盘的名称如“1234”。

17）点击“返回”至主界面。

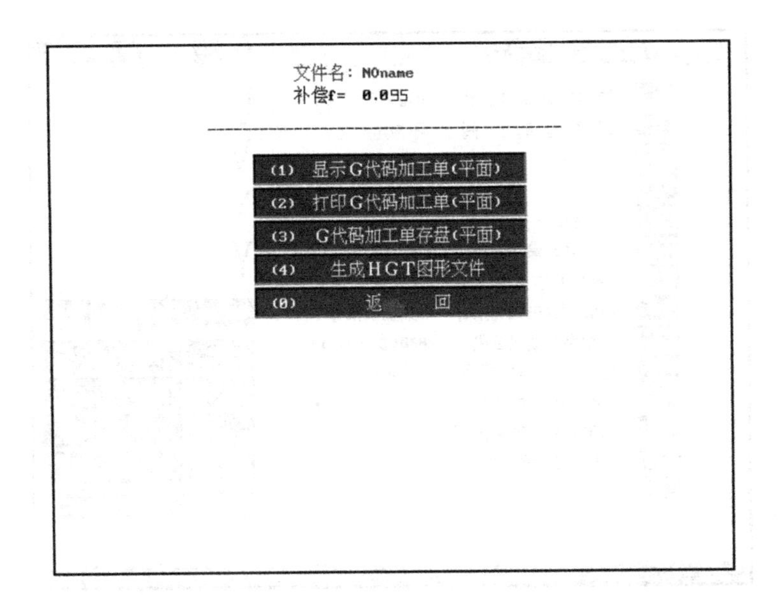

图2.59　G代码处理界面

18)点击“加工”选项,进入加工界面,如图2.60所示。

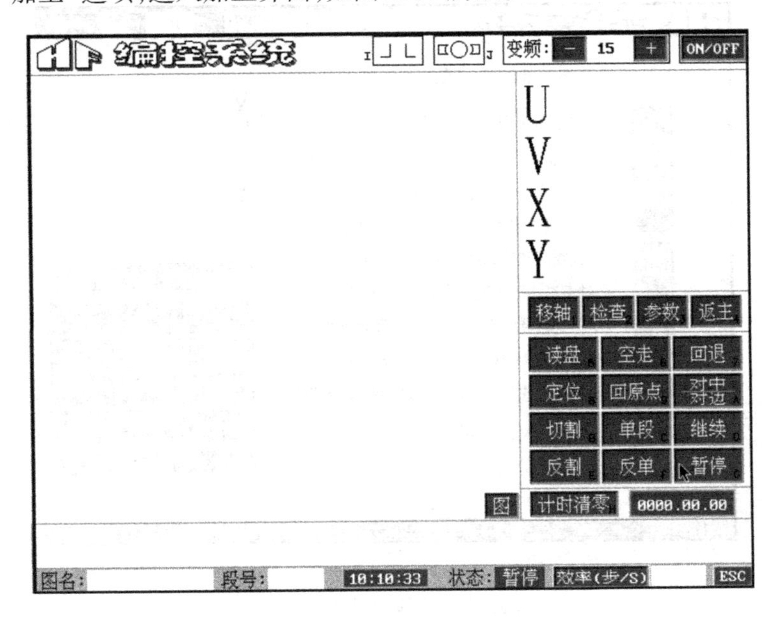

图2.60　加工界面

19)点击如图2.60所示的“读盘”命令,打开已存盘文件“1234”。

20)点击“参数”命令,进入如图2.61所示参数界面。

21)点击“其他参数”选项,进入如图2.62所示的其他参数设置界面。

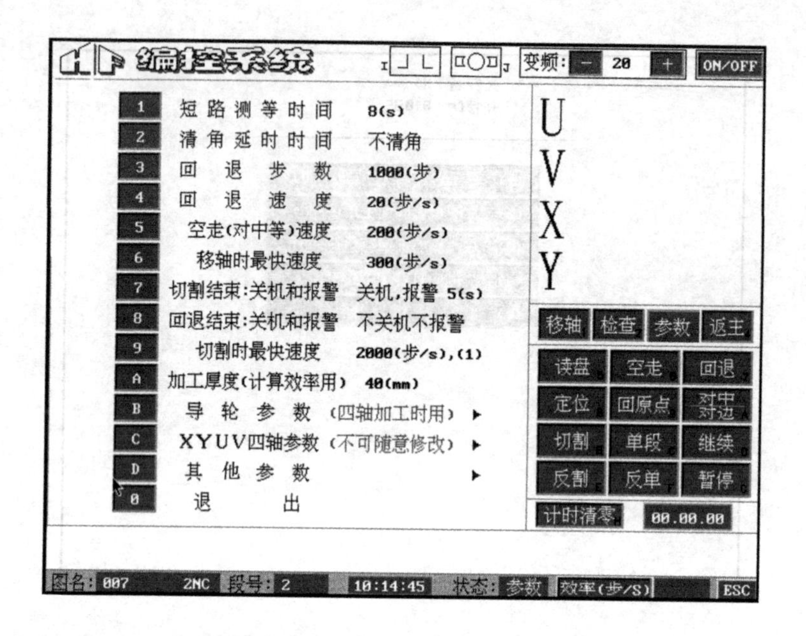

图 2.61 参数界面

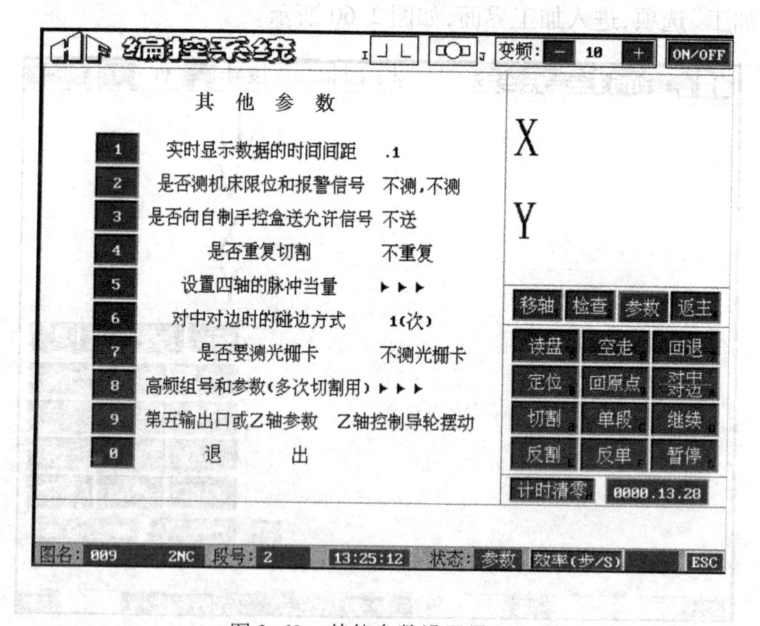

图 2.62 其他参数设置界面

22)点击“高频组号和参数”选项,进入如图 2.63 所示的高频组号和参数界面。

23)点击“编辑高频参数”选项,输入步骤 7)中记下的口令,按提示输入一个文件名(如“1234”),按回车键。根据机床附带的参数应用表,编辑合理的加工参数(因为加工次数为 1,所以只需编辑 M10 一组即可)。具体电参数如表 2.8 所示,点击“返回”按钮。

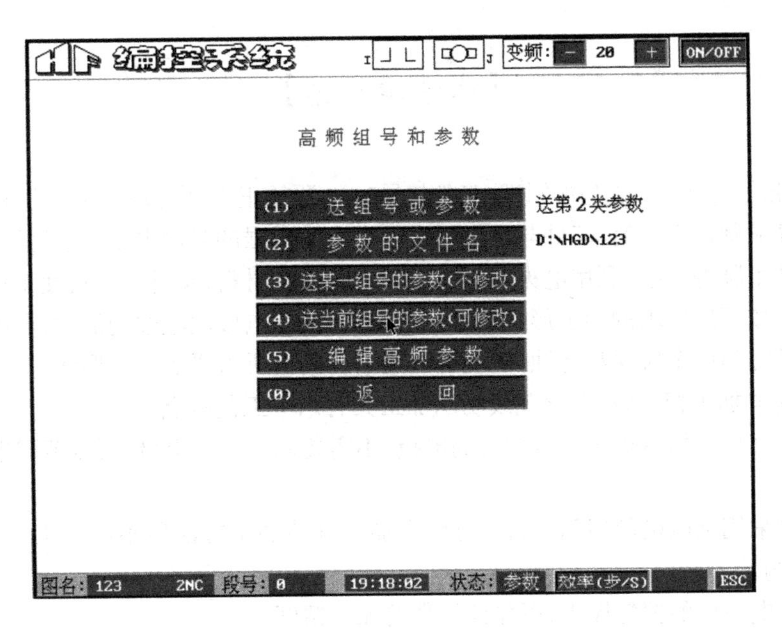

图2.63　高频组号和参数界面

表2.8　电参数

组　号	脉冲宽度	脉冲间距	高频功率	变频器值
M10	8	1	7	2

24)点击图2.63中“参数的文件名”选项,选择加工参数的文件“1234”,每次修改文件名中的参数后,均需要重新选择文件名,即使是同一文件也需如此。

25)点击送当前组号的参数,点击“发送新数据”和“返回”按钮至加工界面。

26)在“加工”界面下,选择“对中/对边”和“中心”功能,进行自动定位。

在对中和对边时,有拖板移动指示,可按“Esc”键中断对中和对边。采用此项功能时,钼丝的初始位置到要碰撞的工件边缘距离不得小于1 mm。

27)开启“运丝”“水泵”“高频”命令,锁住步进电机以防丢步。

28)点击“切割”按钮,根据面板电流表指针的摆动情况,合理地调节变频(加工界面的右上角),“-”表示进给速度加快,“+”表示进给速度减慢),使电流表指针摆动相对最小,稳定地进行加工。

29)由于是多型腔加工,故应跳步加工。每当加工完一个型腔时,机床会自动停止加工,然后把钼丝从型腔中取出,让机床空走到下一个型腔位置处,穿上钼丝继续加工。重复此操作,直至加工完所有的型腔。

30)加工完成后,取出加工好的工件,关闭机床。

【本情境小结】

1)电火花线切割加工的基本原理:工件接脉冲电源的正极,电极丝接负极,在工件与电极丝之间加上高频脉冲电源后,工件与电极丝之间会产生很强的脉冲电场,使其间的工作液介质被电离击穿产生脉冲放电,利用电火花的放电来烧蚀工件材料,步进电动机使工作台带动工件相对于电极丝按照所要求的加工形状轨迹作进给运动,在电极丝经过的沿途,电火花不断地将工件与电极丝之间的金属材料烧蚀掉,就可以逐渐切割出所需要的工件形状。

2)与其他电加工相比较,电火花线切割加工具有以下工艺特点:

①线切割直接利用电极丝作电加工的电极,不需要制作专用电极,可以节省电极的设计和制造费用。

②线切割采用细电极丝切割材料,因此,可加工其他加工方法所不能加工的极其细微、狭窄的孔、槽结构。

③运动的电极丝的损耗极小,可保证较高的加工精度。

④可加工侧壁倾斜的异形小孔。

⑤线切割加工的工作液采用水基乳化液,成本低,不会发生火灾。

3)切割加工的应用范围:高硬度模具零件的加工、具有细微异形孔、槽的模件、切割成形电极、贵重金属下料和同时加工凸、凹模件等。

4)电火花线切割机床通常分为两大类:一类是快走丝线切割机床;另一类是慢走丝电火花线切割机床。

5)电火花线切割加工机床的结构组成可大致划分为机床本体、脉冲电源、数控进给控制系统、工作液循环系统 4 个主要部分。

6)走丝机构由储丝筒、走丝滑板、导丝架和排丝传动机构 4 大部分所组成。

7)快走丝线切割机床通常采用 3B 格式和 4B 格式的程序段,慢走丝线切割机床采用 ISO 国际标准格式程序段。

8)一般峰值电流和脉冲宽度对加工影响较大,峰值电流越大,切割能量越大,切割速度越快,而加工表面的质量则越差,电极损耗也大;脉冲宽度越大,则切割速度越快。脉冲间隔越小,频率就越高,平均电流会增大,有利于提高切割速度,但脉冲间隔不能太小,太小不利于消电离和工作液的绝缘恢复,有产生电弧放电的危险,一旦产生电弧,会烧伤工件,甚至发生断丝现象。

9)电极丝的选择。在快走丝线切割机床上,电极丝是反复使用的,故要求电极丝要经久耐用,加工损耗小,电加工性能好。因此,通常采用钼丝、钨丝和钨钼丝,其直径规格一般为 $\phi0.10 \sim \phi0.18$ mm。切细、窄缝隙件时,有时也采用 $\phi0.06$ mm 的钼丝。慢走丝线切割机床由于走丝速度低,电极丝的加工损耗较大,一般不重复使用,用过一次则废弃不再使用。因此,慢走丝线切割一般不采用钼丝和钨丝,而是使用价格较低廉的铜丝、黄铜丝和纯铜丝,其直径规格一般为 $\phi0.10 \sim \phi0.30$ mm。只有在切割很细的缝隙时,才采用直径为$\phi0.03 \sim \phi0.05$的细钼丝。

10)工作液的种类。常用工作液一般分为水溶液、乳化液和油液 3 大类。

习题与思考题

2.1　在电火花线切割加工中,电极丝的极性如何?为什么?
2.2　电火花线切割加工具有哪些特点?电火花线切割加工一般应用于哪些场合?
2.3　什么叫高速走丝?高速走丝机床具有哪些特点?采用什么电极丝?为什么?
2.4　什么叫慢走丝?慢走丝机床具有哪些特点?它采用什么电极丝?为什么?
2.5　数控电火花线切割加工机床的数控装置主要控制功能有哪些?
2.6　什么叫数控机床的脉冲当量?目前数控机床的脉冲当量一般是多大?
2.7　ISO标准数控加工程序中,加工程序由哪几大部分组成?
2.8　什么叫程序段?程序段由哪些要素组成?
2.9　什么叫可变程序段?这种程序的表达有什么优点?
2.10　什么叫程序字?它分为哪几类?
2.11　什么叫准备功能?常用准备功能字有哪些?
2.12　G41和G42的偏移方向如何判断?
2.13　什么叫3B格式程序?它有什么优缺点?
2.14　3B格式程序的计数长度如何计算?
2.15　3B格式程序的计数方向有什么用处?如何确定计数方向?
2.16　在选择电极丝的切割路线时,应该注意哪些问题?
2.17　电火花线切割加工中的常用工作液有哪几种?各有什么应用特点?

学习情境3 微电机转子压铸模下模的线切割加工工艺与操作

【学习目标】

①掌握电火花线切割加工锥度的操作。

②本情境主要介绍电火花线切割加工锥度的操作。

1. 微电机转子压铸模下模用电火花线切割加工型腔的模具制造工艺

图1.39为微电机转子压铸模下模,这个零件可以用电火花成形加工型腔,也可以用线切割加工型腔,本情境为用线切割加工型腔。

表3.1为微电机转子压铸模下模用线切割加工型腔的模具制造工艺过程。

表3.1 微电机转子压铸模下模的制造工艺过程

零件名称:压铸模下模		材料:3Cr2W8V	热处理:58~62 HRC
序号	工序名称	工序内容	
1	备料	锻件 ϕ170 mm×38 mm(退火状态)	
2	粗车	①车削外形 ϕ160 mm×30.8 mm,外形达要求 ②车 ϕ130 mm 至 ϕ129.94 mm,深9 mm ③车 ϕ42 mm 至 ϕ41.94 mm,深达到要求 ④车削端环型腔,单边留0.5 mm 余量	
3	平磨	磨光两大平面,厚30.3 mm	
4	钳工	①划线:6个风叶型腔中心线;6个平衡柱型腔中心线 ②钻孔:钻6个平衡柱型腔和6个风叶型腔穿丝孔	
5	热处理	淬火:硬度40~45 HRC	
6	平磨	磨光两大平面,厚度30 mm	
7	线切割	切割6个平衡柱型腔和6个风叶型腔,单边留研磨余量0.01~0.02 mm	
8	钳工	①研磨型腔达要求 ②钳修,进入总装	

2. 微电机转子压铸模下模的线切割加工操作

工件装夹与学习情境2中的相同。这里仅介绍界面操作。

①根据学习情境2中的“全绘编程”绘制出6个风叶型腔,完成间隙补偿值及切割次数设定。

②点击图2.58后置处理界面中的“生成一般锥度加工单”,进入如图3.1所示界面,完成锥体的设置。

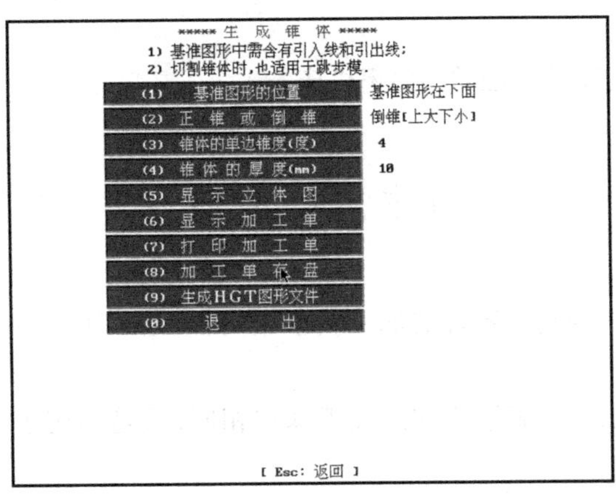

图3.1 “一般锥度加工单”界面

③点击“加工单存盘”,给定存盘的名称。

④返回至主界面。

⑤点击“加工”,进入加工界面。

⑥点击“读盘”读出所存的文件名。

⑦点击图2.61参数界面的“参数”“导轮参数”,进入如图3.2所示界面,完成导轮参数的设定,退出。

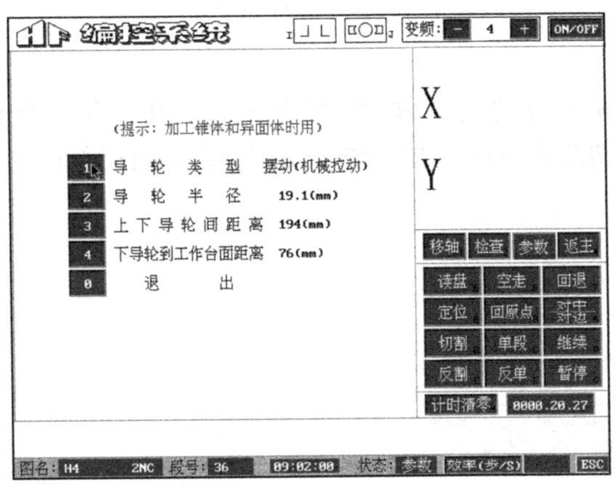

图3.2 导轮参数界面

⑧点击“其他参数”参照学习情境2,完成参数的设置及发送。

⑨在“加工”界面下,选择“对中/对边”“中心”功能,进行定位。

⑩打开“运丝”“水泵”“高频”,锁住步进电机以防丢步。

⑪点击“切割”命令,根据面板电流表指针的摆动情况来合理调节变频(加工界面的右上

角,“ - ”表示进给速度加快,“ + ”表示进给速度减慢),使电流表指针摆动相对最小,稳定地进行加工。

⑫由于是多型腔加工,因此要跳步加工。每当加工完一个型腔机器会自动停止加工,然后把钼丝从型腔中取出,让机器空走到下一个型腔位置处穿上钼丝继续加工。重复此操作直至加工完所有的型腔。

⑬加工完成第1组6个风叶锥度型腔后,工件不动接着加工另一组6个平衡柱型腔,操作过程与上面所述相同。

⑭所有型腔完成加工后取出工件,关闭机床。

【本情境小结】

锥度零件线切割加工与直壁零件的加工基本相同,只是利用了线切割机床的锥度切割功能而已。

①锥度零件线切割加工与直壁零件的加工基本相同,只是利用了线切割机床的锥度切割功能而已。

②电火花成形加工与线切割加工的原理及工艺过程相同,所不同的是线切割只能加工通孔,通孔零件既可用线切割加工,也可以用电火花成形加工。

③带锥度零件的线切割加工。首先按直壁零件,利用线切割机床“全绘编程”绘制出型腔加工平面图并完成间隙补偿值及切割次数的设定,在后置处理界面中的“生成一般锥度加工单”,完成锥体的设置。

习题与思考题

3.1　设计一个四棱台线切割零件,锥度为1.5°,钼丝直径为0.18 mm,放电间隙为0.01 mm,在DK7740线切割机床的控制系统上编程,并加工该零件。

学习情境 4
微电机转子压铸模下模的超声波抛光加工

【学习目标】

①了解超声波抛光加工的工艺特点。

②理解超声波抛光加工的工作原理。

③掌握超声波抛光加工的操作方法。

本情境介绍了模具的超声波抛光加工的工作原理、常用工具、设备、工艺特点、操作方法和技巧。

近年来,随着新工艺的发展,超声波抛光由于抛光效率高,能适用于各种材料,以及狭缝、深槽、异形型腔等特点,在模具抛光中得到广泛重视。超声波抛光是超声波加工的一种特殊应用,它对工件只进行微量尺寸加工,加工后能提高表面精度,不仅能减小工件表面粗糙度,甚至可得到近似镜面的光亮表面。

子情境 1　超声波抛光加工咨询

课程 1　超声波抛光的基本原理及设备

1. 超声波抛光的基本原理

人耳对声音的听觉范围为 16 ~ 16 000 次/s 的振动声波。频率低于 16 次/s 的振动波称为次声波,频率超过16 000 次/s的振动波称为超声波。超声波抛光用的超声波频率为 16 000 ~ 25 000 Hz。超声波区别于普通声波的特点是:频率高,波长短,能量大,以及传播过程中反射、折射、共振、损耗等现象显著。

超声波抛光的原理与超声波加工的原理相似。超声波抛光是利用工具端面作超声频振动,通过磨料悬浮液抛光脆硬材料的一种加工方法。

其原理如图 4.1 所示。加工时,在抛光区加入带有磨料的工作液,并使抛光工具对工件保持一定的静压力(3 ~ 5 N),推动抛光工具作平行于工件表面的往复运动,运动频率为 10 ~ 30 次/min。超声换能器产生 16 000 Hz 以上的超声频纵向振动,并借助于变幅杆把振幅放大到 10 ~ 20 μm,驱动抛光工具端面作超声振动,迫使工作液悬浮的磨粒以很大的速度和加速度不

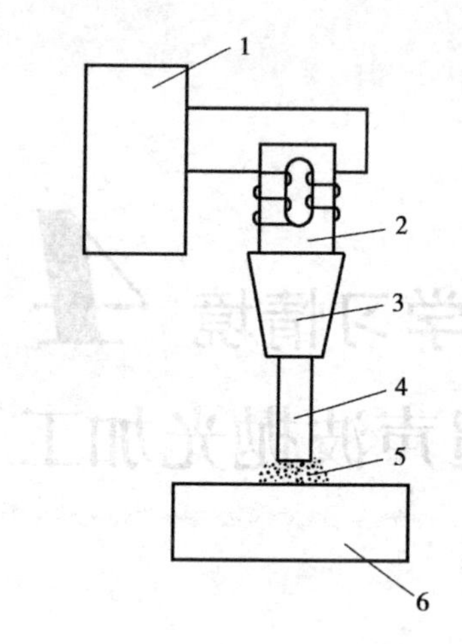

图 4.1　超声波抛光原理示意图
1—超声发生器;2—换能器;
3—变幅杆;4—抛光工具;
5—磨料悬浮液;6—工件

断撞击、磨削被加工表面,把加工区域的材料粉碎成很细的微粒,并从材料上打击下来。虽然每次打击下来的材料很少,但由于打击次数多达 16 000 次/s 以上,故仍有一定的加工速度。与此同时,工作液受到工具端面超声振动作用而产生的高频、交变的液压正负冲击波和"空化"作用,促使工作液钻入被加工材料的微裂纹处,加剧了机械破坏作用。所谓空化作用,是指当工具端面以很大的加速度离开工件表面时,加工间隙内形成负压和局部真空,在工作液体内形成很多气穴,当工具端面以很大的加速度接近工件表面时,气泡破裂,引起极强的液压冲击波,在振动面和相对应的加工表面上引起气蚀。气蚀有两个作用:第一,当因气穴所产生的气泡破裂时,在一瞬间,周围介质受到很大冲击力,就用这个力在工件表面上产生微小的机械蚀除效果;第二,由于磨料对表面的冲击和气蚀引起的显微裂纹,在随后的瞬时由气穴吸引作用把细微屑末从工件表面剥下来。由此可见,超声空化作用可以强化加工过程。此外,正负交变的液压冲击也使悬浮工作液在加工间隙中强迫循环,使变钝的磨粒及时得到更新,切屑能够及时地排除。超声振动使工具具有自刃性,能防止磨具气孔堵塞,提高了磨削性能。

由此可知,超声波抛光是磨粒在超声振动作用下的机械撞击和磨削作用以及超声空化作用的综合结果,其中磨粒的撞击作用是主要的。从原理上看,表面的加工量非常微小,因而可以获得比较高的表面质量,加工精度可达 0.01 ~ 0.02 mm,表面粗糙度值 $R_a = 0.012$ μm,由于高频振荡而加速表面破碎,因此比手工研磨效率高得多。

既然超声波抛光是基于局部撞击作用,就不难理解,越是脆硬的材料,受撞击时遭受的破坏越大,越易超声加工。相反,脆性和硬度不大的韧性材料,由于缓冲作用而难以加工。根据这个道理,可以合理选择抛光工具材料,使之既能撞击磨粒,又不致使自身受到很大破坏,如用黄铜作抛光工具,即可满足上述要求。

2. 超声波抛光机

超声波抛光机的功率大小和结构形状虽有所不同,但其组成基本相同,一般包括超声频电振荡发生器、将电振荡转换成机械振动的换能器和机械振动系统。

(1)超声发生器

超声发生器也称超声波或超声频电振荡发生器,其作用是将工频交流电转变为有一定功率输出的超声频振荡,以提供工具端面往复振动和去除被加工材料的能量。

其基本要求是:输出功率和频率在一定范围内连续可调,最好能具有对共振频率自动跟踪和自动微调的功能。此外,要求其结构简单、工作可靠、价格便宜、体积小等。

超声波抛光用的高频发生器,由于功率不同,有电子管的,也有晶体管的,且结构、大小也很不同。大功率的往往是电子管式的,但近年来有逐渐被晶体管取代的趋势。

(2)换能器

换能器的作用是将高频电振荡转换成机械振动,目前实现这一目的的可利用压电效应和磁致伸缩效应两种方法。

(3)变幅杆

压电或磁致伸缩的变形量很小,即使在共振条件下振幅也不超过0.005~0.01 mm,不能直接用来加工工件。超声波抛光需0.01~0.02 mm的振幅,因此,必须通过一个上粗下细的杆子将振幅加以放大,此杆称为变幅杆或振幅扩大棒,如图4.2所示。

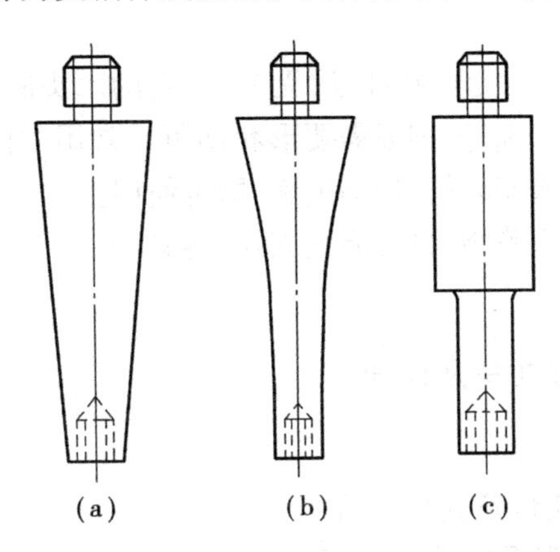

图4.2 变幅杆

(a)锥形 (b)指数形 (c)阶梯形

(4)抛光工具

超声波发生器发出的超声频电振荡经换能器转换成同一频率的机械振动,超声频的机械振动再经变幅杆放大后传给抛光工具,使磨粒和工作液以一定的能量冲击工件,进行抛光加工。为了减少超声振动在传递过程中的损耗和便于操作,抛光工具直接固定在变幅杆上,变幅杆和换能器设计成手持式工具杆的形式,并通过弹性软轴与超声波发生器连接,如图4.3所示。

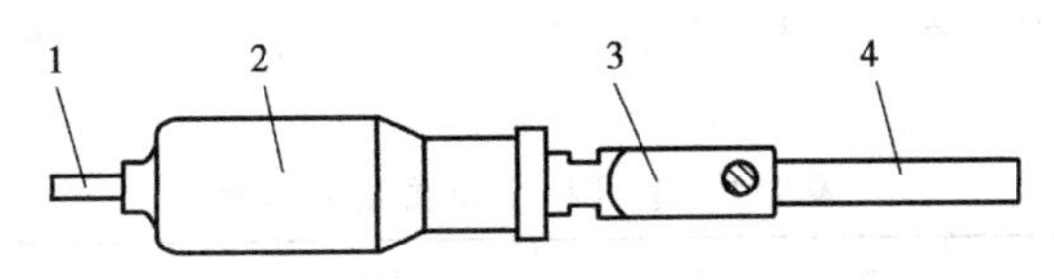

图4.3 手持式工具杆

1—软轴;2—换能器;3—变幅杆;4—抛光工件

超声波抛光工具分为固定磨料抛光工具和游离磨料抛光工具。固定磨料抛光工具是选用不同材质和粒度的磨料制成的成形磨具。对应各种不同形状的磨具,固定磨料抛光工具有三角、平面、圆、扁平、弧形等基本形状,其特点为硬度大、生产效率高。其中,以烧结金刚石油石、电镀金刚石锉刀、烧结刚玉油石、细颗粒混合油石等最为常用。

利用固定磨料抛光工具进行粗抛光,一般表面粗糙度值能达到R_a=1.25~0.63 μm。如要得到更小的表面粗糙度值,应采用游离磨料抛光工具配以抛光剂进行精抛光。

游离磨料抛光工具一般为软质材料,如黄铜、竹片、桐木、柳木等。根据要求可以削成各种形状使用。因弹性物质不能进行切削,故工具本身的误差和平面度,不会全部反映到被抛光工件上,因而有可能用低精度的抛光工具加工出精度较高的工件来。

抛光工具的好坏直接影响超声波的传输效率与抛光质量,抛光工具头与工件表面接触部分,可根据需要加工成扁、圆、尖等各种形状。抛光工具有以下3种形式:

①铜质工具。一般选用H62或H59黄铜,1.5 mm×8 mm截面的铜片,或ϕ3 mm、ϕ4 mm直径的铜棒,前端锉扁。

②竹质工具选用老而不枯,无节、纹直的毛竹,制成截面为3 mm×12 mm(留皮)的竹片,后端倒角,敲入变幅杆固紧后,由中间开始到前端逐渐削薄至1 mm左右,再根据工件要求削成合适形状。

③木质工具选用材质均匀,无粗硬纤维,无节、纹直的木头制成截面3 mm×12 mm的木片。按竹质工具的方法装入变幅杆,削成需要形状即可。常用的白桦树卫生筷也可做成抛光工具,后端用老虎钳夹扁,敲入变幅杆,前端削扁,即可使用。

另外,像锯条、金刚石锉刀等物,只要能紧固在变幅杆上,长度适中,都可作抛光工具,而且在某些场合特别有效。

课程2　超声波抛光加工工艺及特点

1.超声波抛光工艺

(1)超声波抛光的表面质量及其影响因素

超声波抛光具有较好的表面质量,不会产生表面烧伤和表面变质层。其表面粗糙度值R_a可以小于0.16 μm,基本上能满足塑料模及其他模具表面粗糙度的要求。超声波抛光的表面,其表面粗糙度数值的大小,取决于每粒磨料每次撞击工件表面后留下的凹痕大小,它与磨料颗粒的直径、被加工材料的性质、超声振动的振幅以及磨料悬浮工作液的成分等有关。

当磨粒尺寸较小、工件材料硬度较大、超声振幅较小时,加工表面的粗糙度将得到改善,但生产率也随之降低。

磨料粒度是决定超声波抛光表面粗糙度数值大小的主要因素,随着选用磨料粒度的减小,工件表面的粗糙度也随之降低。采用同一种粒度的磨料而超声振幅不同,则所得到的表面粗糙度也不同。表4.1给出了各种磨料粒度在大、中、小3种不同超声振幅下所能达到的最终表面粗糙度。

表4.1　磨料粒度与表面粗糙度

金刚石研磨块粒度	输出	表面粗糙度/μm	金刚石研磨块粒度	输出	表面粗糙度/μm
200#	大	3.5	600#	大	0.7
200#	中	3.0	600#	中	0.6
200#	小	2.5	600#	小	0.4
400#	大	1.5	1 000#	大	0.25
400#	中	1.0	1 000#	中	0.2
400#	小	0.8	1 000#	小	0.15

(2)磨料及工作液的选用

1)磨料的选用

磨料的粒度要根据加工表面的原始粗糙度和要求达到的粗糙度来选择。如前所述,磨料的粒度大,抛光效率高,但所获得的表面粗糙度值大;磨料的粒度小,抛光效率低,所获得的表面粗糙度值较小。因此,磨料的粒度应根据加工表面的原始粗糙度从粗到细,采用分级抛光工艺，直到达到要求的表面粗糙度值为止。通常从电加工的表面粗糙度值 $R_a=3.2\ \mu m$ 降至 $R_a=0.16\ \mu m$ 以下，需要经过从粗抛到精抛的多道工序。粗抛时磨料粒度可选280#左右，中间经烧结刚玉、W40微粉半精抛光，最后用W3.5或W0.5微粉精抛。

超声波抛光具有如图4.4所示的特征，抛光初期表面粗糙度能迅速得到改善，但随着操作时间的延长，粗糙度稳定在某一数值。因此，选用某种粒度的磨料抛光到出现表面粗糙度值不能继续减小时，应及时改用更细粒度的磨料，这样可获得最快的抛光速度。

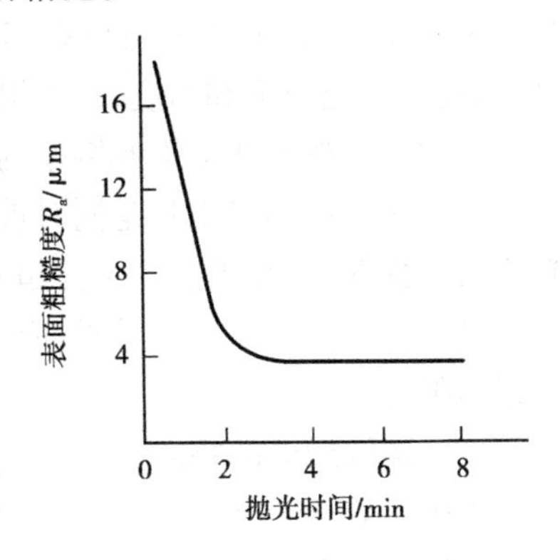

图4.4　超声波抛光特征

2）工作液的选用

超声波抛光用的工作液，可选用煤油、汽油、润滑油或水。磨料悬浮工作液的性能对表面粗糙度的影响比较复杂。实践表明，用煤油或润滑油代替水可使表面粗糙度有所改善。在要求工件表面达到镜面光亮度时，也可以采用干抛方式，即只用磨料，不加工作液。

（3）抛光速度、抛光余量与抛光精度

1）抛光速度

超声波抛光速度的高低与工件材料、硬度及磨具材料有关。一般表面粗糙度从 $R_a=5\ \mu m$ 降至 $R_a=0.04\ \mu m$，其抛光速度为10～15 min/cm^2。

2）抛光余量

超声波抛光电火花加工表面时，最小抛光余量应大于电加工变质层或电蚀凹穴深度，以便将热影响层抛去，因此，电加工所选用的电规准不同，抛光去除厚度也有所区别。电火花粗规准加工的抛光量约为0.15 mm；电火花中精规准加工的抛光量为0.02～0.05 mm。为了保证抛光效率，一般要求电加工后的表面粗糙度值 R_a 小于2.5 μm，最大应不大于5 μm。

3）抛光精度

抛光精度除与操作者的熟练程度有关外，还与被抛光件原始表面粗糙度有很大关系。例如，原始表面粗糙度值 $R_a=25\sim16\ \mu m$，为达到表面粗糙度值 $R_a=0.8\sim0.4\ \mu m$，则需抛除的深度约为25 μm以上，如果原始表面粗糙度值 $R_a=12.5\sim8\ \mu m$，抛除量则减为10 μm左右，抛除量小，较易保持精度。因此，对那些尺寸精度要求较高的工件，抛光前工件表面粗糙度值 R_a 不大于2.5 μm，这样不仅容易保持精度，而且抛光效率也高。现在的电火花加工表面粗糙度值 R_a 可以达到2.5 μm，因此，采用超声波抛光作为电加工后处理工艺是可行的、合理的。

抛光后的平面度与原始表面的粗糙度有关，粗糙度值越大，抛光切除量也越大，越难保证平面度。

（4）超声波抛光的注意事项

采用固定磨料及游离磨料抛光均应交叉运动。每次粗糙度的降低应以不破坏工件表面为前提，否则减小磨料粒度无效。注意清理每次抛光残留物，包括工件、润滑液、抛光工具及擦布等。应特别注意的是，软质抛光工具每件只能专用一种粒度的磨料，否则粗细混杂，不能使用。磨料粒度应从粗到细逐级降低，不能破坏次序使用。操作手法应注意平稳，压力一致，运动路线按顺序进行，抛光工具沿工件相对移动，频率为50～60次/min，实际操作可按振动情况灵活使用。

此外,还可以采取一些方法提高抛光效率。例如,对于较大平面,可以加大抛光工具面积,软抛光工具在全功率时,能加至 ϕ40 mm 以上。磨料粒度的降低,可以采用跳跃降级的办法,既能保证抛光质量又能提高加工速度。抛光时,使抛光工具与工件表面保持45°夹角(抛光工具头削成45°斜面),这样可以提高抛光效率。对于有对称图形的工件,可以专门制作仿形工具,以提高抛光速度和精度,减少操作困难。

电源电压的变化会引起频率的变化,使用时必须注意电压是否正常。

抛光过程中抛光工具是同时被磨损的,对于细小、精密的模具应特别注意在抛光过程中抛光工具的损耗,防止被加工工件超差或变形。

自制易耗损的抛光工具时,应该保持长度、材料、公差、等效质量均与原设计一致,最好买厂方的附件。

2. 超声波抛光的特点

①抛光效率高、适用于碳素工具钢、合金工具钢以及硬质合金等。例如,超声波抛光硬质合金的生产效率比普通抛光提高20倍,超声波抛光淬火钢的生产效率比普通抛光提高15倍,超声波抛光45钢的生产效率比普通抛光提高近10倍。

②能高速去除电火花加工后形成的表面硬化层,消除线切割加工的黑白条纹。

③显著降低表面粗糙度值。超声波抛光的表面粗糙度值 R_a 可达0.012 μm。

④特别适用窄槽、圆弧、深槽等的抛光。抛光方法和磨具材料与传统手工抛光相比没有更高要求。

⑤采用超声波抛光,可提高已加工表面的耐磨性和耐腐蚀性。

课程3　超声波抛光效率

超声波抛光效率的高低一般用超声波抛光速度来表示。抛光速度是指单位面积所用的抛光时间,单位 min/cm^2。影响超声波抛光速度的主要因素有工具振动频率、振幅、抛光工具和工件间的静压力、磨料的种类和粒度、磨料悬浮液的浓度,抛光工具与工件材料、工件抛光面积及原始表面粗糙度等。一般表面粗糙度值 R_a = 5 μm 减少到 R_a = 0.04 μm,其抛光速度为10 ~ 15 min/cm^2。

子情境2　微电机转子压铸模下模的超声波抛光加工工艺

如图1.39所示微电机转子压铸模下模,不管是电火花成形还是线切割加工以后,都需要研磨抛光,采用超声波抛光的工艺过程如下:

①选择磨料和工作液。

②选择抛光速度、抛光余量和抛光精度。

③工件装夹。

④选择合适的工具对微电机转子压铸模下模进行超声波抛光,达到要求为止。

【本情境小结】

1. 超声波抛光的基本原理

超声波抛光是利用工具端面作超声频振动，通过磨料悬浮液抛光脆硬材料的一种加工方法。加工时，在抛光区加入带有磨料的工作液，并使抛光工具对工件保持一定的静压力，推动抛光工具作平行于工件表面的往复运动，驱动抛光工具端面作超声振动，迫使工作液悬浮的磨粒以很大的速度和加速度不断撞击、磨削被加工表面，把加工区域的材料粉碎成很细的微粒，并从材料上打击下来。

2. 超声波抛光机组成

超声波抛光机的功率大小和结构形状虽有所不同，但其组成基本相同，一般包括超声频电振荡发生器、将电振荡转换成机械振动的换能器和机械振动系统。

3. 抛光工具

超声波抛光工具分为固定磨料抛光工具和游离磨料抛光工具。固定磨料抛光工具是选用不同材质和粒度的磨料制成的成形磨具。对应各种不同形状的磨具，固定磨料抛光工具有三角、平面、圆、扁平、弧形等基本形状，其特点为硬度大、生产效率高。其中，以烧结金刚石油石、电镀金刚石锉刀、烧结刚玉油石、细颗粒混合油石等最为常用。

游离磨料抛光工具一般为软质材料，如黄铜、竹片、桐木、柳木等。根据要求可以削成各种形状使用。

抛光工具有铜质工具、竹质工具、木质工具等形式。另外，像锯条、金刚石锉刀等物，只要能紧固在变幅杆上，长度适中，都可作抛光工具，而且在某些场合特别有效。

4. 超声波抛光的特点

其抛光效率高、能高速去除电火花加工后形成的表面硬化层，消除线切割加工的黑白条纹，显著降低表面粗糙度值，特别适用窄槽、圆弧、深槽等的抛光。抛光方法和磨具材料与传统手工抛光相比没有更高的要求，采用超声波抛光可提高已加工表面的耐磨性和耐腐蚀性。

5. 超声波抛光的加工工艺

①选择磨料和工作液。

②选择抛光速度、抛光余量和抛光精度。

③工件装夹。

④选择合适的工具对工件进行超声波抛光达到要求为止。

习题与思考题

4.1　简述超声波抛光的基本原理。

4.2　超声波抛光机由哪些部分组成？

4.3　简述超声波抛光的特点。

4.4　超声波抛光工具主要有哪些？

4.5　简述超声波抛光的工艺过程。

学习情境 5 电机转子冲片凹模的电解修磨抛光

【学习目标】

①了解电解修磨抛光的工艺特点。

②理解常用研磨抛光的工作原理。

③掌握研磨抛光的操作方法。

本情境介绍了模具的电解修磨抛光的工作原理、常用工具、设备、工艺特点、操作方法和技巧。

模具零件经电火花加工后表面会产生一层硬化层,硬化层硬度一般为 600 ~ 1 300 HV (600 HV 相当于洛氏硬度 55 HRC)。用手工精修方法(锉刀、油石、砂纸等),则效率低,影响模具的制造周期。电解修磨抛光可以大大减少钳工的修整工作量和缩短模具的制造周期。电解抛光由于采用无机酸作电解液,因此对环境有一定污染,较少采用。电解修磨抛光是目前较为广泛采用的抛光方法。

子情境 1 电解修磨抛光加工咨询

课程 1 电解修磨抛光的原理及特点

1. 电解修磨抛光的原理

电解修磨抛光是通过阳极溶解作用对金属进行腐蚀。以被加工的工件为阳极,修磨工具即磨头为阴极。两极由低压直流或脉冲电源供电,两极间通以电解液。修磨工具与工件表面接触并进行锉磨,此时工件表面被溶解并产生很薄的氧化膜,这层氧化膜不断地被修磨工具中的磨粒所刮除,使工件表面露出新的金属表面,并继续被电解。这样,由于电解作用和刮除氧化膜作用的交替进行,达到去除氧化膜和减小表面粗糙度的目的。如图 5.1 所示为电

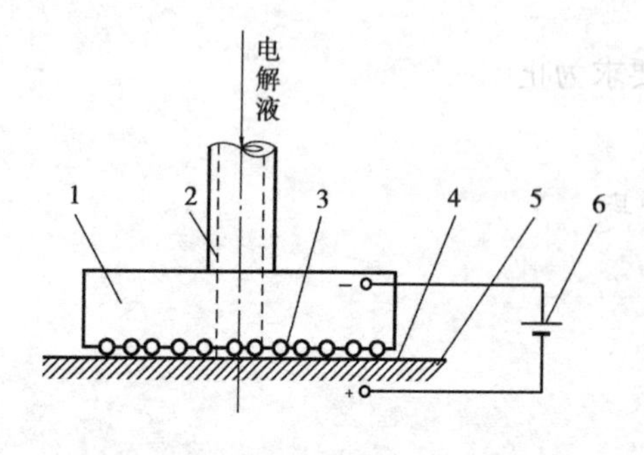

图 5.1 电解修磨抛光原理图

1—修磨工具(阴极);2—电解液管;3—磨粒;4—电解液;5—工件(阳极);6—电源

解修磨抛光原理图。

2. **电解修磨抛光的特点**

①电解修磨抛光是基于电化学腐蚀原理去除金属的。它不会使工件引起热变形或产生应力，工件硬度也不影响腐蚀速度。

②经电解修磨抛光后的表面用油石或砂纸很容易抛到 R_a 小于0.2 μm。

③用电解修磨抛光法去除硬化层时，模具工作零件型面原始表面粗糙度值 R_a = 6.3 ~ 3.2 μm即可，这相当于电火花中标准加工所得到的表面粗糙度。这时工具电极损耗小，表面波纹度也低。对于已产生的表面波纹，用电解修磨法即可基本除去。

④对型腔中用一般修磨工具难以精修的部位及形状，如图5.2所示的深槽、窄槽及不规则圆弧、棱角等，采用异形磨头能较准确地按照原型腔进行修磨，其效果更为显著。

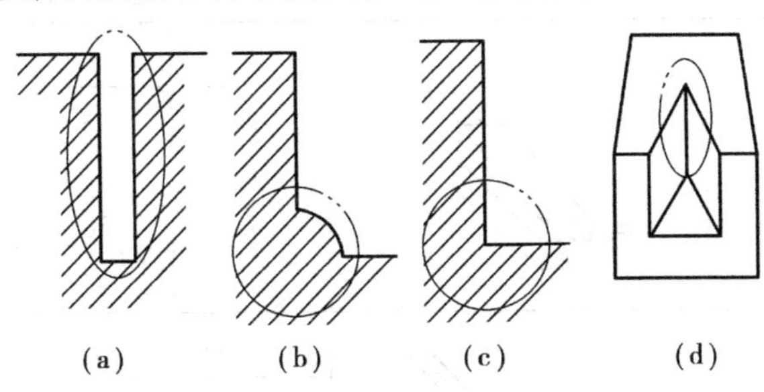

图5.2　用一般修磨工具难以精修的部位

⑤设备结构简单，操作方便，工作电压低，电解液无毒，便于推广。

课程2　电解修磨抛光的设备

电解修磨抛光的设备由工作液循环系统、加工电源和修磨工具3部分组成，如图5.3所示。

1. **工作液循环系统**

工作液循环系统包括电解液箱9、离心式水泵12、控制流量的阀门1、导管及工作槽6。电解液箱中间由隔板分开，起着电解液过滤的作用。

2. **加工电源**

加工电源可采用全波桥式整流，晶闸管调压、斩波后以等脉宽的矩形波输出，也可采用一般的稳压直流电源。

3. **修磨工具**

(1)导电油石

采用树脂做黏结剂将石墨和磨料(碳化硅或氧化铝)混合压制而成。由于型腔型面复杂，为了增加抛光的接触面积，并使被抛光型面的去除量比较均匀，最好按被加工型面将导电油石修整成相似形状。

(2)人造金刚石导电锉刀

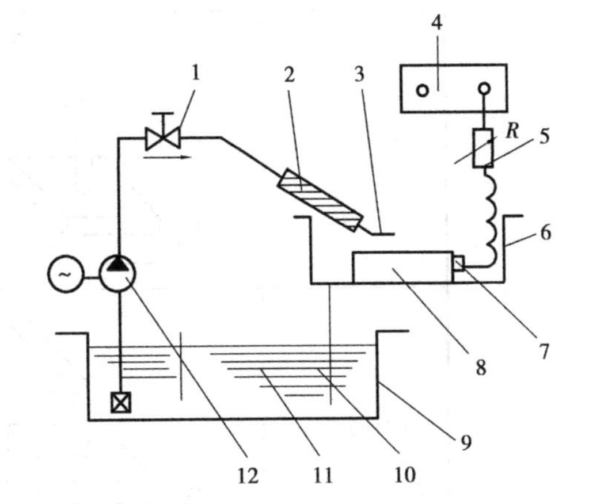

图5.3　电解修磨抛光设备示意图

1—阀门;2—手柄;3—磨头;4—电源;5—电阻;6—工作槽;7—磁铁;8—工件;9—电解液箱;10—回液管;11—电解液;12—泵

为了抛光模具工作零件上的窄缝、沟槽和角、根等部位，专门提供各种形状的导电锉刀。采用快速埋砂电镀法将金刚石磨料镀到各种形状的金属基体上制成各种形状的导电锉刀。使用导电锉刀其导电性能较好，可以采用较高的电流密度抛光，以获得较高的生产效率。

在电解修磨抛光时，影响抛光效率及抛光质量的主要因素是电极间隙，即磨粒突出于导电基体的高度。若电极间隙太大，则电流密度小，电解过程减慢，效率低，抛光后所获得的表面质量较差；若电极间隙太小，则电解产物难于排除，容易发生电流短路，抛光后工件的表面粗糙度不均匀。因此，一般电极间隙可取0.1~0.25 mm。

几种常用修磨工具的形状及尺寸见表5.1。

表5.1 常用修磨工具的形状及尺寸/mm

用途	简图	磨头尺寸			
深槽加工		b	l	δ	
		2 4 7 10	15 20 30 2	1 1 1.5 5	
孔加工		ϕ	l		
		8 4	15 10		
平面加工		b	l	δ	
		4 7 10	8 14 10	4 2 2	
曲面加工		b	l	δ	R
		5 8 10	10 10 8	5 5 5	5 10 25

课程3 电解液

电解液选用每升水中溶入150 g硝酸钠($NaNO_3$)、50 g氯酸钠($NaClO_3$)。此电解液无毒，在加工过程中会产生轻微的氨气。因硝酸钠是强氧化剂，容易燃烧，使用时应注意勿使它与有机物混合或受强烈震动。

课程4　电解修磨抛光的工艺过程

1. 模具加工要求

要求模具型腔电火花加工至规定标准为止,表面粗糙度值 R_a =6.3 ~3.2 μm 即可。

2. 脱脂

用有机溶剂或在下列溶液中脱脂:

NaOH	50 g/L
$NaCO_3$	30 g/L
$Na_3PO_4 \cdot 12H_20$	50 g/L
Na_2SiO_3	10 g/L
溶液温度	80 ~110 ℃
清洗时间	5 ~10 min

用热水清洗。

3. 电解修磨抛光

将磁铁正极吸附在工件上,将选用的修磨工具插入手柄喷嘴内,开动电解液泵,调节到合适的流量(0.5 ~1 L/min),电源限流电阻转换开关选择3 挡,接通直流电源,握住手柄,使磨头在被加工表面上慢慢移动,并稍加压力,加工表面即发生电化学反应。

经电解修磨抛光的模具表面无任何机械划痕,表面粗糙度 R_a 为 0.4 ~0.2 μm,但是加工表面附有极薄一层四氧化三铁组成的黑膜,因此必须经过手工抛光或电动抛光机高速抛光来去除。

实践证明,电解修磨抛光是一种行之有效的模具抛光方法,用它来抛光型腔模的角部、根部、窄缝和沟槽以及复杂的型面,可比手工抛光节省工时 50% ~70%。

子情境2　电机转子冲片凹模的电解修磨抛光工艺

如图2.50 所示为转子冲片凹模,线切割加工后,要进行研磨抛光,这里采用电解修磨抛光。

①对电加工后的电机转子冲片凹模进行脱脂清洗。

②配制电解液。

③工件装夹。

④选择合适的工具对电机转子冲片凹模型孔进行电解修磨抛光,达到要求为止。

【本情境小结】

1. 电解修磨抛光的原理

电解修磨抛光是通过阳极溶解作用对金属进行腐蚀。以被加工的工件为阳极,修磨工具为阴极。两极由低压直流或脉冲电源供电,两极间通以电解液。通过电解作用和刮除氧化膜作用的交替进行,以达到去除氧化膜和减小表面粗糙度的目的。

2. 电解修磨抛光的特点

①电解修磨抛光是不会使工件引起热变形或产生应力,工件硬度也不影响腐蚀速度。

②经电解修磨抛光后的表面用油石或砂纸很容易抛到粗糙度 R_a 小于0.2 μm。

③电解修磨抛光对模具工作零件型面原始表面粗糙度值要求低。

④可修磨深槽、窄槽及不规则圆弧、棱角等,采用异形磨头能较准确地按照原型腔进行修磨,其效果更为显著。

3. 电解修磨抛光的设备

其组成有阀门、手柄、磨头、电源、电阻、工作槽、磁铁、电解液箱、回液管、泵等。

4. 修磨工具

修磨工具有导电油石和人造金刚石导电锉刀。其形状由工件形状来确定。

5. 电解修磨抛光的工艺过程

①对工件进行脱脂清洗。

②配制电解液。

③工件装夹。

④选择合适的工具对工件进行电解修磨抛光达到要求为止。

习题与思考题

5.1　简述电解修磨抛光的基本原理。

5.2　简述电解修磨抛光的特点。

5.3　电解修磨抛光的设备由哪几部分组成?

5.4　修磨抛光工具主要有哪些?

5.5　简述电解修磨抛光的工艺过程。

参考文献

[1] 手册编写组. 压铸技术简明手册[M]. 北京:国防工业出版社,1980.
[2] 隋明阳. 机械设计基础[M]. 北京:机械工业出版社,2002.
[3] 明兴祖. 数控加工技术[M]. 北京:化学工业出版社,2002.
[4] 龚雯,等. 机械制造技术[M]. 北京:高等教育出版社,2004.
[5] 朱立义. 冷冲压工艺与模具设计[M]. 重庆:重庆大学出版社,2006.
[6] 刘建超,等. 冲压工艺模具设计与制造[M]. 北京:高等教育出版社,2002.
[7] 成虹. 冲压工艺与模具设计[M]. 北京:高等教育出版社,2004.
[8] 张宝忠. 冲压模具设计与制造[M]. 北京:高等教育出版社,2004.
[9] 王永昌. 电机制造工艺学[M]. 北京:机械工业出版社,1984.
[10] 赵清. 小型电动机[M]. 北京:机械工业出版社,2003.
[11] 李世兰. CAD 工程绘图[M]. 北京:机械工业出版社,2002.
[12] 常小玲. 电工技术[M]. 西安:电子科技大学出版社,2004.
[13] 技工学院机械类通用教材编审委员会. 车工工艺学[M]. 北京:机械工业出版社,1980.
[14] 胡彦辉. 模具制造工艺学[M]. 重庆:重庆大学出版社,2005.
[15] 甄瑞麟. 模具制造技术[M]. 北京:机械工业出版社,2007.
[16] 郭铁良. 模具制造工艺学[M]. 北京:高等教育出版社,2002.
[17] 彭建声. 简明模具工实用技术手册[M]. 北京:机械工业出版社,2003.
[18] 李世兰. CAD 工程绘图[M]. 北京:机械工业出版社,2002.
[19] 孙凤勤. 模具制造工艺与设备[M]. 北京:机械工业出版社,2004.
[20] 李云程. 模具制造技术[M]. 北京:机械工业出版社,2007.
[21] 李学锋. 模具设计与制造实训教程[M]. 北京:化学工业出版社,2005.
[22] 李成凯. 模具制造工艺[M]. 成都:电子科技大学出版社,2009.